贫困地区畜禽健康养殖关键技术

梁　歌　范景胜◎主编

四川科学技术出版社

·成都·

图书在版编目（CIP）数据

贫困地区畜禽健康养殖关键技术 / 梁歌, 范景胜主编. -- 成都：四川科学技术出版社，2020.6
ISBN 978-7-5364-9837-2

Ⅰ.①贫… Ⅱ.①梁… ②范… Ⅲ.①畜禽–饲养管理 Ⅳ.①S815

中国版本图书馆 CIP 数据核字 (2020) 第 098774 号

贫困地区畜禽健康养殖关键技术

主　　编	梁　歌　范景胜
出 品 人	钱丹凝
责任编辑	刘涌泉
责任校对	王国芬
封面设计	景秀文化
责任出版	欧晓春
出版发行	四川科学技术出版社
	成都市槐树街 2 号　邮政编码 610031
	官方微博:http://e.weibo.com/sckjcbs
	官方微信公众号:sckjcbs
	传真:028-87734039
成品尺寸	145mm×210mm
	印张 8.75　　字数 190 千　　插页 1
印　　刷	四川科德彩色数码科技有限公司
版　　次	2020 年 7 月第一版
印　　次	2020 年 7 月第一次印刷
定　　价	39.00 元

ISBN 978-7-5364-9837-2

编委会

前 言

　　近年来，四川省畜牧科学研究院在畜牧科技创新方面取得了一系列重大科技成果，培育出大恒肉鸡、蜀宣花牛、川藏黑猪、简州大耳羊等国家畜禽新品种（配套系），研究集成了畜禽疫病防控、营养调控等一批畜禽健康养殖关键技术，在四川省畜牧产业发展中起到了强有力的科技支撑作用。

　　为进一步加强畜牧科技成果在四川省贫困地区的推广应用，助力脱贫攻坚，实现乡村振兴，本院特组织长期从事畜禽品种选育与健康养殖技术研究和推广应用的科技人员，编写了这本《贫困地区畜禽健康养殖关键技术》。

　　本书共有七章，涵盖了猪、肉鸡、牛、羊、兔等畜禽品种，紧扣四川省高原藏区、大小凉山彝区、秦巴山区、乌蒙山区四大贫困片区的畜禽生产实际，较为系统地介绍了畜禽品种，以及畜禽繁殖、饲养管理、圈舍设计、饲料营养、疫病防治等方面的知识与技术。在编写过程中，笔者结合多年的科研成果，并参考了大量国内外已经公开发表的科技刊物和文献资料；既考虑了畜禽健康养殖技术内容的全面性，又突出重点；既强调科学性，更注重技术的实用性。书中文字深入浅出，涉及的专业技术具有较好的可操作性。

　　本书既适用于四川省四大贫困片区基层畜牧兽医人员、技术员、养殖专业户等使用，还可以作为基层单位举办养殖技术培训班的参考教材。

由于畜禽养殖涉及知识面广，加之编者技术水平有限，虽然努力避瑕，但书中难免有遗漏和不足之处，敬请广大读者批评指正。

编者

2020 年 5 月

目 录

第一章 猪健康养殖技术

第一节 主要品种

一、地方猪种及培育品种（配套系）

四川省地方猪品种资源丰富，主要有内江猪、成华猪、藏猪、雅南猪、凉山猪（乌金猪）、丫杈猪、青峪猪等，是农户和猪场生产优质猪肉所需要的优良遗传种质资源。

1. 藏猪

藏猪产于青藏高原的半农半牧区，体型较小，生长发育缓慢，性成熟早、繁殖力低，抗逆性强，肌纤维细，脂肪沉积能力强，肉质优良。被毛多为黑色，部分四肢、额部有少许白色，鬃毛长而密，冬季被毛下有绒毛。额面窄，皱纹少，嘴长而直，耳小直立，胸较狭，体躯短，背腰平直或微凹，腹线较平，后躯较前躯高，尻部倾斜，四肢结实。母猪乳头多为5对。

藏猪4月龄性成熟，6月龄可配种。初产母猪总产仔数平均3.9头，经产母猪产5.26头。公猪6月龄平均体重为25.5kg，母猪6月龄平均体重为30.0kg；肥育猪达60kg体重日龄260d，日增重265g，料肉比4.3∶1；60kg体重屠宰率

73.0%，瘦肉率42.0%，肌内脂肪含量6.71%。

2. 青峪猪

青峪猪是四川省地方猪种，为湖川山地猪的品系之一，属中熟、中型肉脂兼用型品种，具有耐粗饲、适应性强、肉质优良等优点。主要分布于通江县、平昌县、南江县、巴中市巴州区，核心区在通江县青峪、板桥、平溪、铁溪等地。其被毛纯黑，体质细致紧凑，头长而窄，额面微凹，额部皱纹浅少，嘴筒较长而紧，耳下垂，大小中等；颈较长欠丰满，头、颈、肩呈单背脊结合；胸宽稍窄，背腰平直而微凹，腹略下垂，臀略窄而倾斜；四肢直立，管部干燥坚实，不卧系踏蹄；母猪乳头5~7对，排列整齐；头型可分为笔杆嘴、八桂头、狗脑壳三个类型。

母猪6月龄平均体重为46.5kg，适宜初配年龄为6~7月龄。20~90kg育肥猪日增重424g，料肉比4.1：1；75kg体重瘦肉率40%，肌内脂肪含量4.3%。

3. 丫权猪

丫权猪的中心产区位于古蔺县观文镇、白泥乡、椒元乡3个乡镇。其体型较大，全身被毛黑色，部分猪的额部、肢端、尾部有白毛；头较轻，嘴较长，额面皱纹少，体躯较窄，背腰平直，单背脊，腹大不拖地，臀部较倾斜，四肢结实；母猪乳头6~7对，母性强。

母猪6月龄体重58.50kg，成年母猪体重166.50kg。母猪产仔数平均约10.13头。肥育猪达75kg体重日龄200d，20~90kg日增重515g，料肉比3.29：1；75kg体重屠宰率71.05%，胴体瘦肉率47.29%，肌内脂肪含量4.19%。

4. 川藏黑猪配套系

川藏黑猪配套系是由四川省畜牧科学研究院历经 14 年培育而成的四川省首个优质风味猪配套系。父母代母猪全身被毛黑色，头部较轻，嘴筒中长平直，额面少许皱纹，耳中等大小、微垂前倾；背腰平直，腹部不下垂，四肢结实，体躯结合良好；母猪乳头 7 对。商品猪被毛黑色，少许可见棕、白花；头轻嘴直，耳中等大小；腹背平直，体躯结合良好，腿臀发达，抗逆性强，生产效率高。

父母代母猪适宜初配年龄 7~8 月龄，初配体重 75kg 以上，母猪初产仔数平均 11.26 头，经产 12.5 头。商品猪达 90kg 体重日龄 187.2d，20~90kg 体重日增重 618.31g，料肉比 3.14：1；90kg 体重屠宰率 73.54%，瘦肉率 57.72%，肌内脂肪含量 4.07%；肉质优良，口感好，风味佳。

二、引进品种

常见的引进猪种主要有杜洛克猪、长白猪、大约克夏猪等猪种。

1. 杜洛克猪

杜洛克猪全身被毛棕色，头中等大小，嘴短直，耳中等大小，略向前倾，背腰和腹线平直，体躯较宽，肌肉丰满，后躯发达，四肢粗壮结实。生产中常用作杂交猪的终端父本。母猪初情期 170~200 日龄，适宜配种日龄 220~240d，体重 120kg 以上。母猪初产仔数平均 8 头以上，经产 9 头以上；21 日龄窝重初产 35kg 以上，经产 40kg 以上。达 100kg 体重日龄 180d 以下，活体背膘厚 15mm 以下，饲料转化率 2.8 以下；100kg 体重屠宰率 70% 以上，后腿比例 32%，胴体瘦肉率 62% 以上，肉质优良。

2. 长白猪

长白猪体躯长，被毛白色，耳较大向前倾或下垂；背腰平直，后躯发达，腿臀丰满，整体前轻后重，外观清秀美观。生产中常用作三元杂交猪的第一父本或第一母本。母猪初情期170～200日龄，适宜配种日龄230～250d，体重122kg以上。母猪初产仔数平均9头以上，经产10头以上；21日龄窝重初产40kg以上，经产45kg以上。达100kg体重日龄180d以下，活体背膘厚15mm以下，饲料转化率2.8以下；100kg体重屠宰率72%以上，后腿比例32%以上，胴体瘦肉率62%以上，肉质优良。

3. 大约克夏猪

大约克夏猪全身皮毛白色，头大小适中，鼻面直或微凹，耳直立，背腰平直，肢蹄健壮，前胛宽，背阔，后躯丰满，成长方形体型等特点。在杂交配套生产体系中主要用作母系。母猪初情期165～195日龄，适宜配种日龄220～240d，体重120kg以上。母猪初产仔数平均9头以上，经产10头以上；21日龄窝重初产40kg以上，经产45kg以上。达100kg体重日龄180d以下，活体背膘厚15mm以下，饲料转化率2.8以下；100kg体重屠宰率70%以上，后腿比例32%以上，胴体瘦肉率62%以上，肉质优良。

第二节　繁育技术

一、猪种的选择

目前在山区农村，农户饲喂的母猪品种主要为本地母猪和土二杂母猪，公猪品种有本地猪公猪、国外引进的大约克夏、长白猪、杜洛克等。本地母猪与引进种公猪配种生产的仔猪为土二杂猪，一般具有适应性强、耐粗饲等优点，但生长缓慢、瘦肉率低。以我国地方品种猪为母本，与引进的国外猪种（大约克夏猪、长白猪）为父本的杂交一代猪（土二杂母猪）作母本，再与引进猪种杜洛克猪作终端父本杂交生产内三元杂交猪，具有生长较快、饲料利用率较高、瘦肉率高、肉质风味较好、经济效益明显等特点。

农户选择不同品种的公猪精液输精，要注意两个问题：一要母猪的品种以及所包含的血缘清楚，避免乱交乱配；二要母猪的父本清楚，避免近亲交配，主要是指用于纯繁的地方品种公猪，数量少，容易与其后代母猪交配。

二、发情鉴定

一般而言，地方猪发情时的行为表现较外种猪明显（见表1）。

表 1　地方猪和外种猪发情区别

行为	地方猪	外种猪
鸣叫	明显	不明显
停食	明显	不明显
不安	明显	不明显
阴户肿胀	明显	较明显

后备母猪达到适配年龄和经产母猪断奶后，应每天早晚观察母猪是否发情。母猪发情开始时表现为不安，食欲下降，爬跨其他母猪或接受其他母猪爬跨，自动接近公猪，用公猪试情时愿意接受爬跨和交配，外阴流出白色浓稠带丝状黏液，用力

按压母猪腰部站立不动，举尾竖耳。一般地方猪发情表现明显：开始外阴红肿，颜色由浅变深，并流出少量透明黏液；至发情盛期时，喜欢爬跨。外种猪发情不明显，仅表现阴户红肿。

三、适时配种

俗话说"站着不动，正好配种；黏液变稠，正是火候""老配早，小配晚，不老不小配中间"。母猪发情开始后 24 ~ 36h，阴户由充血红肿到紫红暗淡、肿胀开始消退并出现皱纹、黏液由稀薄到浓稠并带有丝状、出现"静立反射"时应当及时本交配种，或者实施人工授精。

初配母猪可采用本交配种 3 次，即把母猪和公猪赶在一起，让公猪爬跨母猪配种。经产母猪在有条件的养殖场可以采用人工授精，输精 2 次。人工授精可以大幅减少公猪的饲养数量，提高效益。第一次配种（输精）后，间隔 8 ~ 12h 再进行 2 ~ 3 次配种（输精）。

四、公猪使用

常言道，"母猪好，好一窝；公猪好，好一坡"。在强调饲养优良母猪的同时，更强调要养好优良公猪，并严格按照公猪的使用要求进行使用。

用于配种的公猪要达到适宜的月龄和体重才能进行配种，否则会影响公猪的使用寿命。本地猪一般性成熟比较早，8 ~ 9 月龄即可进行初次配种；引进种猪性成熟较晚，一般要到 10 ~ 11 月龄才进行初次配种，达到初配月龄后及时对公猪进行调教。

公猪的使用频率：1 ~ 2 岁的公猪每周配种（采精）2 ~ 3

次，2 岁以上的公猪每周配种（采精）3～4 次。

公猪在配种或采精前要清除阴茎包皮积尿；配种需注意公母猪个体差异不能太大，如差异太大建议采用人工授精。采精前，需要注意对包皮周围的消毒和清洗，用纱布过滤精液，在显微镜下观察精液质量，精子活力在 0.6 以上才能用于输精配种。

五、种猪使用年限

正常情况下，公猪一般使用 3 年，即年淘汰率 30%～40%公猪。此外，有以下情况之一需要淘汰：因病、因伤不能使用者，连续两次以上检查精液品质低劣者，所配母猪受胎率低下者均应淘汰。更新公猪应来自经性能测定站测定或育种场选育的优异个体。正常情况下，母猪的利用年限为 4 年，即年淘汰率 25%～30%。此外，有以下情况之一需要淘汰：严重受伤、因病不能作种用，连续 2～3 胎繁殖力低下，有严重恶癖者。后备母猪应来自选留的后备母猪群的优秀个体或专业育种场的优异个体。

第三节　饲养管理技术

山区农户养猪主要有自繁自养、商品猪育肥及公司＋农户寄养代养模式。自繁自养是指农户自己饲养母猪，产仔后将仔猪饲喂至肥猪出栏的养殖模式。商品猪育肥是指养殖户购买商品仔猪饲养至肥猪出栏的养殖模式。公司＋农户寄养代养模式是指公司给养殖户提供猪苗、饲料、兽药及技术等，由农户代为饲养，按保护价回收肥猪的一种合作养殖模式。自繁自养场投资大，周期长，技术要求高，市场风险大；商品猪饲养场投资小，见效快，抗市场风险能力强，是大多数山区农户的养猪模式。公司 + 农户的模式需要农户自行修建圈舍，但不用负担猪苗、饲料、兽药等物资费用，而且公司负责全套养殖技术和回收肥猪，养猪户收益稳定，基本不存在技术和市场波动的风险。

山区由于缺乏豆粕、鱼粉等蛋白饲料，在猪的饲养过程中要注重饲粮中蛋白质的添加。为了解决这一问题，农户可以购买浓缩饲料，并按照 20% 浓缩饲料和 80% 能量饲料（玉米、高粱、大麦、青稞等）的比例，配合成满足动物营养需要的全价饲料。

一、种公猪的饲养管理技术

种公猪的作用是配种，其对后代群体生产性能有非常重要的作用。种公猪饲养管理的总体要求是：有良好的种用体况，体格健壮，四肢有力，性欲旺盛，精液数量多、品质好。

1. 种公猪的饲养

种公猪日粮配合要全价饲料，通常用玉米、小麦、麦麸、豆饼、油饼、花生或芝麻饼、黄豆、豌豆、胡豆、蚕蛹、鱼粉等优质饲料配合而成，饲料中应添加矿物钙、磷和食盐，以提高精子活力。还要添加多种维生素，特别是维生素 A、维生素 E，否则会导致公猪性功能失调，精液减少，精子活力降低。为了保持种公猪体内代谢平衡、提高精液品质，还应添加镁、锌、铁、氯化物等微量元素。每日定时定量饲喂 2 ~ 3 次，饲喂配合饲料 2.5 ~ 3.0kg，有条件可添加适量青绿饲料；配种期间提高配合饲料喂量 20%，配种后可饲喂鸡蛋 1 ~ 2 个，并供给充足饮水，保持公猪旺盛的配种能力。

种公猪的饲养与交配方式有关，农户养殖母猪较少，采取本交方式配种，一般在配种期适当增加饲喂量，非配种期适当减少饲喂量，控制公猪体况，防止过肥过瘦，以免缩短种用年限。

2. 种公猪的日常管理

（1）单圈饲养：3～4月龄小公猪已开始有性冲动，如不及时分开饲养会互相爬跨而影响休息，降低食欲，不仅影响生长发育，还易养成自淫、滑精等恶习，过早失去种用价值。成年公猪更需单圈饲养，否则会相互爬跨导致生殖器官破裂、出血，影响采精配种。圈舍应远离母猪舍，圈门、圈栏要坚固，经常检修，以防公猪跑出圈外干扰母猪和其他公猪的安宁。

（2）加强运动：公猪经常运动，能加强血液循环，增强体质，促进食欲，保持性欲旺盛。应任其出入运动场或每天驱赶行走2～4km。驱赶时严禁鞭打。

（3）刷拭猪体：经常用铁刮子或干草把刷拭猪体，保持公猪皮肤清洁和表皮血管扩张，促进血液循环，使猪体舒适，减少体表寄生虫病，加强新陈代谢和增进食欲。炎热天气还应给公猪淋浴或冲水洗澡。

（4）防止自淫：平时应注意公猪与母猪分开饲养，不让公猪看到、听到、闻到母猪的声音和气味；对性欲旺盛的公猪，圈内不要放置活动食槽或杂物，尽量排除一切可能发生爬跨自淫的条件。

（5）固定专人：公猪性情暴躁，平时饲养管理或配种、采精时，都不能随意鞭打或大声吼骂，否则会影响采精效果，甚至咬人。为了掌握好公猪的习性、配种特点和射精量，以合理使用公猪，宜固定专人饲养，不要轻易更换。

（6）采精时间：在早上为好，尤其在炎热季节，更应选择在早、晚配种或采精。采精或配种后应让其自由活动片刻，切忌剧烈驱赶。

（7）称重和精液品质检查：每月对种公猪称重和精液品质检查。

（8）记录：认真做好日常生产记录，内容包括生长发育、配种、饲料消耗、饲料来源、配方、添加剂使用情况、免疫、用药、治疗、精液品质检查等，资料保存2年以上。

二、母猪的饲养管理技术

根据不同的生理阶段，可把母猪分为空怀母猪、妊娠母猪和哺乳母猪。

1. 空怀母猪饲养管理

（1）营养水平：日粮能量水平消化能 2.9 ~ 3.0Mcal/kg（1Mcal = 4.18MJ），蛋白质 13% ~ 15%，钙 0.6% ~ 0.7%，磷 0.5% ~ 0.6%。

（2）日喂量：日喂量 1.8 ~ 2kg。如果母猪过瘦应增加 20% ~ 25% 饲料量，实行"催情补饲"，促进母猪恢复体况；如果母猪过肥应减少饲料量，促其尽快发情。

（3）饲喂方法：定时定量，日喂料 2 次，饲料湿拌生喂，先精后青，保证充足饮水。

（4）空怀母猪的管理技术：空怀母猪的饲养管理主要注意以下几点。

①圈养数量：断奶母猪可根据断奶日龄分群，4 ~ 6 头/栏

小群饲养。

②发情观察：断奶母猪一般在断奶后 7～10d 发情，因此应在早、晚进行发情鉴定，并适时配种。

③运动：断奶母猪圈舍应有足够的空间，便于运动。

④清洁卫生：每天清扫圈舍 2 次，及时清除圈舍内的粪便污物，加强调教，使之养成定点排粪尿的习惯。同时，定期刷拭猪体。

⑤驱虫和预防注射：在配种前应完成母猪的驱虫工作，连续用药 2 次，前后间隔 7～10d。配种前 15～30d 参考《猪主要疫病免疫程序》进行乙脑、细小病毒、猪瘟、口蹄疫、伪狂犬、蓝耳病等疫苗的注射。

2. 妊娠母猪饲养管理

饲养妊娠母猪的基本要求是做好保胎工作，保证胎儿正常发育，防止死胎、早产和流产，以获得数量多、初生重大、生命力强的仔猪，并保证母猪有中上等体况。

（1）营养水平：日粮能量水平消化能 2.9～3.0Mcal/kg，蛋白质 13%～15%，钙 0.6%～0.7%，磷 0.5%～0.6%，同时保证足够的微量元素和维生素。

（2）日喂量：妊娠 80d 前日喂量 1.8～2kg，妊娠 80～110d 日喂量 2～2.5kg，并根据膘情调整。分娩前 4d 开始减少喂量，每天减少 20%～25%。

（3）饲喂技术：为了有利于胚胎正常生长发育，减少中途死亡，不同体况的母猪应采用不同的饲养技术。

①抓两头，带中间：这种方式适用于体况较差的母猪。因母猪经过分娩和一个哺乳期后，消耗很大，而配种后的 20d

内，又正是卵子受精到形成胎盘阶段，很容易受不良因素的影响，造成胎儿发育不良或早期死亡。因此，在配种后的 20 ~ 30d 内应采取短期优势，加喂含蛋白质多的饲料，以促进早期胚胎的形成和正常发育，恢复母猪的繁殖体况；待母猪体况恢复后，即在怀孕中期的 2 个月内，可维持中等营养水平，适当多喂青、粗料；到怀孕最后 1 个月，再适当加强营养，增加精料和矿物质，因为这期间胎儿增重占初生体重的 60%，母猪必须摄入大量的营养，才能满足胎儿发育和产后哺乳的需要。

②步步升高：这种饲养方式适用于初产母猪和哺乳期受孕的母猪。因为初产母猪自身生长发育尚未完全成熟，又担负着胎儿发育，而哺乳期受孕的母猪，既要泌乳，又要供给胎儿的营养，所以都需要较多的营养，以满足胎儿生长发育和母体自身消耗的需要。一般饲料供给量随着怀孕期的延长逐渐增加，到怀孕后期，视其体况酌情给予饲喂量。

③前粗后精：这种方式适用于体况较好的经产母猪。营养物质的供给量也应在前期少些，后期多些，前期可保持配种前的营养水平，不增加精料，至怀孕后期的 1 个月，比怀孕的前 80d 精料喂量增加 20% 左右。

（4）妊娠母猪的管理技术：妊娠母猪的饲养管理主要围绕保胎进行。

①合理分群：按照母猪的大小、体况和配种时间进行分群。妊娠前期和中期，每个圈可饲养 3 ~ 4 头；妊娠后期需单圈饲养，临产前 1 周转入产房。

②适量运动：妊娠的第一个月少运动，之后每天应自由运动 2 ~ 3h，妊娠后期减少运动，临产前 1 周停止运动。

③防止机械流产：减少和防止各种有害刺激，如粗暴鞭打、强烈驱赶、跨沟、打斗和挤撞等。

④防暑降温及防寒保暖：在气温达到32℃以上时，应采取洒水、搭凉棚等方式来防暑降温。冬季应采取关闭门窗、取暖等防寒保暖措施，防止母猪感冒发烧。

⑤猪体卫生：保持猪体卫生，预防疾病性流产和死亡。

⑥产前准备：母猪妊娠期为111～117d，平均为114d。母猪配种后应推算预产期，有利于做好分娩准备和及时接产。预产期推算可采用"三三三"推算法：母猪妊娠期平均为114d即三月加三周再加三日，遇月大31d，则预产期提前1d；遇2月28d，向后延迟2d，如1月1日配种，则预产期为4月25日。产前准备包括：圈舍、接产用具消毒及消毒药品、仔猪保温设施等。

3. 哺乳母猪饲养管理

（1）营养水平：日粮能量水平消化能3.2～3.4Mcal/kg，蛋白质15%～18%，钙0.6%～0.7%，磷0.5%～0.6%，同时保证足够的微量元素和维生素，饲料中可加入0.75%的硫酸镁。

（2）日喂量：根据情况做适当调整。

①分娩前：对体况好的母猪，在分娩前3～4d，减少精料喂量的10%～20%，既可避免母猪发生便秘，又可避免产后初乳量过多过稠，造成母猪乳腺炎和仔猪拉稀；对体况较差的母猪，可不减或少减精料喂量。

②分娩当天：母猪产仔当天少喂或停喂精料，在产后6～8h喂给少许加食盐的麸皮水。

③分娩后：逐渐增加喂量，第 2～3d 喂饲料定量的60%～70%，以后逐步增加 3～5d 后自由采食，提供足够的饮水。在使用青绿饲料和加工副产物较多的情况下，每日饲喂泌乳母猪料 3～4kg；如青绿饲料和加工副产物不足或缺乏，日饲喂量 4～5kg。初产母猪日饲喂量 5kg。

④断奶前：为了避免母猪断奶时发生乳腺炎，在断奶前 3～5d 要逐渐减少精料和多汁料的喂量，并检查母猪乳房膨胀情况。对体况好的母猪，断奶前 5～7d 降低饲料喂量 20%，或限制饲喂 2～3kg。对断奶后瘦弱的经产母猪如不能正常发情，可以在配种前 10d 增加饲料 20%～30%。

（3）哺乳母猪的管理技术

①产前准备：控制产房温度在 22℃ 左右、相对湿度 65% 以下，准备好接产工具用品。

②接产：保持产房安静，仔猪出生后立即用毛巾或手将口鼻内的黏液清除，并用毛巾将全身黏液擦干净，将仔猪放入铺有柔软垫草、温度控制在 34℃ 的保温箱内。

③助产：对难产的母猪进行人工助产或肌肉注射催产素催产。

④产后护理：产后强迫母猪站立、运动，供给麦麸等轻泻饲料；给仔猪断齿、剪尾，固定奶头，防止母猪的乳头和乳房受伤；观察母猪是否患有子宫炎、乳腺炎和阴道炎。

⑤断奶：正常情况下，断奶时间为 4～6 周。断奶方法是：先移走母猪，断奶仔猪可留圈饲养 1 周后再转入保育舍，以减少应激。如果母猪过瘦，仔猪应提早断奶或将体重大的仔猪先

断奶。断奶后按母猪体况分群饲养，进行催情。

⑥缺奶：对母猪产后缺奶应找准原因，对症处理。母猪瘦弱无奶水的，要增加配合饲料和优质青绿饲料的喂量，供给充足的饮水，再补充一些豆浆、小米粥、小鱼虾等催奶饲料；对母猪过肥无奶水的，除适当加强运动，多喂青绿饲料，减少精料外，可视其体况喂少许中药催奶；对母猪因病无奶的，则应请兽医治疗。

三、仔猪的饲养管理技术

1. 哺乳仔猪阶段

哺乳仔猪是指从出生到断奶前的仔猪。哺乳仔猪具有怕冷、缺乏先天免疫、抵抗力差、代谢机能旺盛、生长发育快等特点。因此，哺乳仔猪的饲养管理应重视以下几方面：

（1）做好防冻、保温工作：保证产房舍温在20℃左右。给仔猪增添保温箱和保温灯等设施，保证刚出生时保温箱环境温度控制在34℃左右，随着日龄增加适当降低环境温度。

（2）早吃初乳：初乳可以让初生仔猪获得免疫力和丰富的营养，能尽快产生体热，增加抗寒抗病能力，分娩后立即使仔猪吃到初乳是提高成活率的关键。

（3）固定奶头：仔猪生后2d内，应人工固定奶头，将弱小仔猪固定在前中部乳头吃奶，以弥补先天不足，保证全窝仔猪均匀发育。

（4）寄养：产后1~2d，选择产期接近、性情温顺、哺育性能好的母猪进行寄养。寄养时把准备寄出的仔猪用寄入窝中的母猪胎衣、尿液等排泄物涂擦仔猪全身，然后完成寄养。

（5）补铁补料：仔猪生后2~3d，给每头仔猪肌注补铁

100~150mg；出生 7d 左右，可采用自由采食法补料，即在补料槽里放上颗粒料等，让仔猪自由采食。

（6）防压：在分娩舍内设置护仔栏，以保护仔猪和限制母猪活动。

2. 保育仔猪阶段

保育猪是指从断奶到 70 日龄左右的仔猪。为了提高仔猪育成率和生长速度，一般将断奶后的仔猪饲养在条件较好的保育舍内，70 日龄左右时才转入育肥舍饲养。仔猪保育应注意以下事项：

（1）栏舍消毒：断奶仔猪进入保育舍前，要对保育舍内、外进行彻底清扫、洗刷和消毒，杀灭细菌；仔猪进入保育舍后，要定期消毒（每周 2~3 次），及时清理粪便、尿等污物。

（2）分群与调教：尽量维持原窝同圈、大小体重相近的原则进行，个体太小和太弱的单独分群饲养。仔猪进入保育舍后前几天要调教仔猪区分睡卧区和排泄区。

（3）饲养密度：根据每头仔猪占圈舍面积为 $0.3~0.5m^2$ 的原则确定饲养密度。

（4）供给充足的清洁饮水：断奶后 7~10d 内的饮水中加入电解多维、抗生素等药物，提高仔猪的抵抗力，促使仔猪采食和生长，防止仔猪喝脏水，引起腹泻。

（5）加强饲养管理：断奶后前几天要控制仔猪采食量，以喂七八成饱为宜，实行少喂多餐（一昼夜喂 6~8 次），之后逐渐过渡到自由采食，保证饲料新鲜，防止饲料发霉。

（6）做好免疫注射工作：按照免疫程序接种猪瘟、猪伪狂犬病以及口蹄疫等疫苗。

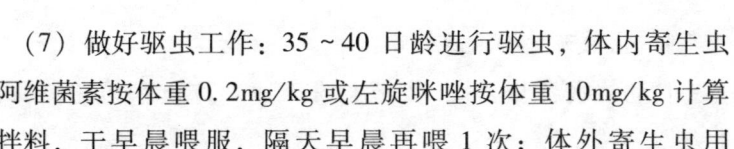

（7）做好驱虫工作：35～40日龄进行驱虫，体内寄生虫用阿维菌素按体重0.2mg/kg或左旋咪唑按体重10mg/kg计算量拌料，于早晨喂服，隔天早晨再喂1次；体外寄生虫用12.5%的双甲脒乳剂兑水喷洒猪体。

四、育肥猪的饲养管理技术

育肥猪是指保育结束后至出栏上市阶段的肥育猪。山区农户饲养育肥猪可以结合当地的资源，在饲粮中适当添加青绿饲料，降低饲料成本。具体做法是：在商品猪饲喂初期，全部以精料饲喂，随着体重的增加，逐步在饲粮中添加青绿饲料（土豆、红苕、南瓜、三叶草等当地农产品），最终将精料和青绿饲料比例控制在7：3。应加强对育肥猪的饲养管理。

1. 合理分群

尽量将原窝或原群转入一栏，避免重组咬逗打架。转群后，要训练猪只定点采食、饮水、排泄和睡觉，营造舒适的居住环境。

2. 猪群规模和饲养密度

一般每群饲养10～20头猪为宜，最好不要超过25头。随着肥育猪体重增大，每头猪所需的面积相应增大。15～60kg的生长育肥猪每头所需面积为0.6～1.0m^2，60kg以上的育肥猪每头所需面积为1.0～1.2m^2。夏季应适当减小饲养密度，冬季应适当增大饲养密度。

3. 及时做好免疫注射、驱虫及公猪去势工作

按免疫程序进行猪瘟、猪丹毒、猪肺疫等疫苗的免疫注射；做好体内外寄生虫的驱虫工作；尽早进行公猪去势，减少应激。

4. 供给充足而洁净的饮水

自动饮水器要经常检查水的流速，防止水流不畅影响饮水。

5. 采用适宜的饲喂次数

一般育肥猪体重60kg以前日喂3次，60kg以后日喂2次。

第四节　圈舍设计技术

在我国农村，特别是边远山区，猪舍都比较简陋，"开放、漏风、不保温""黑暗、封闭、不透光""栅栏、石板、土地面""粪尿、污水、到处流"，严重影响了母猪的发情观察、仔猪的成活和肥猪的生长发育，也严重影响了养猪生产效益和农户的养猪积极性。因此，农户圈舍改造势在必行。

一、选址

圈舍应建在地势平坦干燥、背风向阳、排水良好，场地水源充足、远离污染源的地方，符合《动物防疫条件审查办法》中的有关规定。猪舍应建在生活区下风口，距离住房3m以上，且位于水源下方，做到"人畜分离、独立建圈"，杜绝"楼下养猪，楼上住人"的现象，猪舍内也不能饲养其他动物。

二、圈舍布局

建设用地面积充足的情况下，可根据饲养情况分类建设不同猪舍：母猪怀孕舍、产仔舍、仔猪保育舍、育肥猪舍。建设用地面积较小的情况下，也需根据饲养情况尽量在猪舍内分别建设空怀/怀孕栏、产仔栏、仔猪保育栏、育肥猪栏。

三、圈舍及圈栏设施

1．圈舍结构

猪舍可为砖木或砖混结构，一般外墙用空心砖、舍内隔墙用小红砖，内外墙用水泥砂浆抹平。屋顶材料可选用与民居房屋相配套的水泥瓦、彩瓦、小青瓦及彩钢瓦等。

圈栏排列方式可分为单列式或双列式。单列式猪舍的宽度在 4～5m，双列式的宽度在 8m 左右，建筑高度 3m（平墙高2.6m），长度和面积依据土地条件和饲养规模增减。圈舍内必须保持通风良好，采光面积（窗户面积）不少于墙面的 1/3，屋檐高 2.6m。

2．门、窗及通道

在一侧山墙开一道供进出饲喂的大门（单列式在靠墙的侧面，双列式在中间），门宽 1.2m、高 2m。在另一面的山墙开一道供清运粪便等污物的大门；舍内与大门对应处设为饲喂通道，通道宽度在 1.2～1.4m。在靠通道一侧修建 1.2m 高的隔离墙。在两侧平墙离地 1.2m 以上处设置供通风的窗，规格可按 1.6m×1.5m。

3．圈栏及设施

（1）圈栏：饲喂有母猪的养殖户，最好配备母猪产仔高床、仔猪保育床，减少猪只与粪便接触，减少病原微生物的繁殖和传播，并配备保温箱、保温灯，空怀、怀孕母猪可采用限位栏饲养。猪圈之间隔墙用砖砌，并用水泥砂浆抹平，有条件的农户也可用钢管做成隔墙。每个圈的门用钢筋焊接制作，规格为宽 0.6～0.8m，高 0.8～1.0m。

（2）圈舍规格：猪圈面积的大小，因猪的品种、体型大小、生产用途、饲喂方式及头数不同而有差异。如采用地圈饲养，空怀、怀孕母猪可以 4~5 头 1 圈，每头母猪占地面积 2.5~3.0m²；产仔母猪 1 头 1 圈，每圈 4.2~5.0m²；保育仔猪尽量做到 1 窝 1 圈，每头仔猪占地面积 0.3~0.5m²，而育肥猪圈因每圈饲养数量而定，一般在 20 头以下，平均每头占 0.8~1.2m²。圈栏高度一般在 0.8~1.0m。

（3）料槽：每个圈在靠近通道的圈墙内侧修建 1 个料槽，料槽高 15~20cm，宽 20~30cm，内贴瓷砖；或者用直径 30cm 的 PVC 管从中间纵向剖为两半，一半作为料槽，其下方及周边用砖及混凝土固定。料槽的长度以可满足圈内所有猪同时吃食为准。保育猪及育肥猪也可采用自动料槽，每个圈根据猪只头数配备 1~2 个。

（4）饮水设备：圈舍中饮水器推荐采用自来水管接鸭嘴式自动饮水器。后备母猪、成年母猪、仔猪、保育猪栏鸭嘴式自动饮水器安装高度分别为 50cm、55cm、20cm、30cm；育肥猪栏根据每栏饲养的育肥猪多少，在每个圈内安装鸭嘴式自动饮水器 2~4 个，主水管走外墙，自动饮水器安装在内墙，高度分别为 40cm 和 50cm。

（5）地面：舍内地面为混凝土，圈内地面用灰沙抹平硬化（不抹光），需保持地面平整，并向排污沟方向做 3% 的坡度。也可以使用石板地面。

4. 粪污处理设施

猪舍需修建排污沟，并做到"雨污分流"，即雨水沟和排污沟分开。排污沟建议修在舍内，根据实际情况也可建在舍外，用水泥盖板盖上，若不设盖板，则需在屋檐口以内，确保雨水不会流到沟内。舍内排污沟修建在靠平墙的一侧，沟宽30～60cm，深15cm以上，并向排污方向做3%的坡度，上面盖铸铁或水泥漏缝地板。此外，应配套建设沼气池，沼气池（全粪尿）容积可参考表2，采用干清粪工艺的应根据残留粪便比例减少沼气池容积。

表2　沼气池建设容积推荐表

存栏育肥猪数量（头）	50	100	150	200	300	500
沼气池容积（m³）	28	55	83	111	166	278
干清粪量70%沼气池容积（m³）	8	17	25	33	50	83

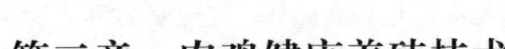

第二章　肉鸡健康养殖技术

　　经过 30 多年的发展，我国肉鸡产量持续增长，肉鸡产业已成为我国畜牧业中规模化、集约化、组织化和市场化程度最高的产业之一。我国肉鸡产业规模化程度持续提升，不断涌现出一批具有国际先进水平的大规模肉鸡养殖场，但肉鸡养殖的主体仍然是分散在广大农村地区的肉鸡养殖场（户）。提高肉鸡养殖饲料转化率，可以大幅降低粮食消耗，降低养殖成本。肉鸡是其他肉类的有效替代品，大力发展肉鸡养殖可以有效带动就业，提高农民收入。但是，随着人们对餐桌上食品质量安全意识的日益增强，健康养殖问题已成为人们关注研究的焦点。健康养殖包括品种选择、繁育技术、饲养条件、疾病控制、饲料营养以及饲养管理等，畜牧业必须主动生产适应人们现代健康安全膳食所需要的畜产品，这是畜牧业可持续发展的关键所在。

第一节　主要品种

一、艾拔益加肉鸡

　　艾拔益加肉鸡属于快大型白羽肉鸡，商品代肉用仔鸡生产性能：7 周龄出栏，平均体重可达 2 000g 以上，饲料转化比

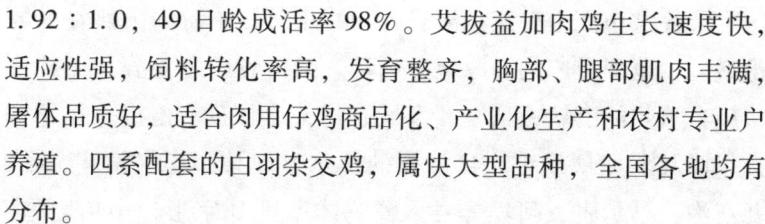

1.92∶1.0，49 日龄成活率 98%。艾拔益加肉鸡生长速度快，适应性强，饲料转化率高，发育整齐，胸部、腿部肌肉丰满，屠体品质好，适合肉用仔鸡商品化、产业化生产和农村专业户养殖。四系配套的白羽杂交鸡，属快大型品种，全国各地均有分布。

二、大恒 699 肉鸡配套系

大恒 699 肉鸡属于黄羽肉鸡，为四川省畜牧科学研究院培育的国家审定配套系。该鸡青脚麻羽白皮，公鸡冠红、大而直立，母鸡浅麻羽，抗逆性强，成活率高，父母代产蛋率高，商品代生长速度快，肉质鲜嫩美，特别适合在林地、果园、竹林、草场、农田以及荒山等进行放牧。

三、山地乌骨鸡

山地乌骨鸡属四川地方鸡种。商品鸡 90d 体重：公鸡1.35kg，母鸡 1.02kg；170d 开产，年产蛋 140 ~ 150 枚。山地乌骨鸡适合农户散养和林地、果园规模化特色养殖，是生产绿色土鸡的最佳种源，其市场售价是普通乌骨鸡的 1 ~ 2 倍，养殖效益是普通乌鸡的 2 ~ 3 倍。据中国科学院成都生物研究所检测，兴文山地乌骨鸡粗蛋白含量为 22.03%，氨基酸含量比普通肉鸡高 12.08%，脂肪含量比普通肉鸡低 13.18%，维生素 E 含量比普通肉鸡高 6 ~ 10 倍，碳水化合物比普通肉鸡高187.3%，黑色素和紫胶素及其他有益微量元素含量也十分丰富。乌骨鸡氨基酸、微量元素含量齐全，体组织沉积大量黑色素和紫胶素等微量元素，具有特殊的营养滋补功能和保健治疗作用。

四、藏鸡

藏鸡是属于我国青藏高原海拔 2 200 ~ 4 100m 的半农半牧

区、雅鲁藏布江中游流域河谷区和藏东三江中游高山峡谷区数量最多、范围最广的高原地方鸡种。四川省内主要分布在甘孜藏族自治州的巴塘、稻城、乡城、得荣、甘孜、德格、九龙等县，以及阿坝藏族羌族自治州的黑水、理县、若尔盖、松潘、九寨沟、马尔康、阿坝等县。藏鸡体型呈 U 字形，小巧匀称、紧凑，行动敏捷，富于神经质，头昂尾翘，翼羽和尾羽特别发达，善飞翔。公鸡大镰羽长达 40~60cm。藏鸡在 3 月龄前生长较快。据产地调查，6 月龄公鸡平均体重 1 235g，成年公鸡平均体重 1 585g，0~90 日龄料肉比为 5.56∶1。

第二节　繁育技术

一、孵化场的建场要求

1. 场址选择

孵化场要建在地势较高、交通方便、水电资源充足的地方，周围环境要清静优雅、空气新鲜。孵化场应是一个独立的场所，远离主要交通干线 500m 以上，远离市中心、居民区等人口密集的区域，更要远离震动较大、粉尘严重的工矿区和养禽场、屠宰厂、电镀厂、农药厂和化工厂等污染严重的企业，以防震伤胚胎或使胚胎中毒、感染疾病。

2. 孵化场的布局

孵化场的规模应根据当前本地区养鸡发展情况而定。孵化场的布局必须严格按照"种蛋→种蛋消毒→种蛋保存→种蛋处置→孵化→移盘→出雏→雏鸡处置→雏鸡存放"的生产流程进行规划。较小的孵化场可采用长条流程布局；但大型孵化场，则应以孵化室、出雏室为中心，根据生产流程确定孵化场的布局，安排其他各室的位置和面积。

3. 孵化场的建设

孵化场屋顶要铺防水材料以防漏雨，天花板、墙壁、地面最好用防火、防潮、既便于冲洗又便于消毒的材料来建。地面要平整光洁，在适当的地方设下水道，以便冲洗室内。孵化室和出雏室最好是无柱结构，便于工作，也便于通风。通风换气系统的设计和安装不仅要考虑为室内提供新鲜空气和排出有害气体，同时还要把温度和湿度协调好，不能顾此失彼（见表3）。

表3　孵化场各室的温、湿度及通风技术参数

室别	温度（℃）	相对湿度（%）	通风
孵化室、出雏室	24～26	70～75	最好用机械通风
雏鸡处置室	22～25	60	有机械通风设备
种蛋处置兼预热	10～24	50～65	人感到舒适
种蛋贮存室	10～18	75～80	无特殊要求
种蛋消毒室	24～26	75～80	有强力排风扇
雌雄鉴别室	22～26	55～60	人感到舒适

二、孵化场的设备

孵化机是孵化器和出雏器的总称。按照入孵方式的不同，它可以分为箱体式孵化机和巷道式孵化机。箱体式孵化机采用全进全出整批入孵的方式，通过微电脑自动控制技术，为胚胎在整个发育过程中提供适宜的温、湿度及氧气，适用于刚刚起步的养殖朋友，投资小，风险小，技术也很好掌握。

巷道式孵化机则为较先进的大型孵化机型。此机型集中了三大优点：省电，省地，省人工。巷道孵化机受人为因素影响

较小，但对技术人员和电工的素质要求较高，工作流程简单明了，便于操作，适应工厂化、规模化的孵化生产。

孵化机除了箱体和蛋盘车以外，还有加热、冷却、增湿、通风、翻蛋和控制等系统。加热系统通常为电热管；冷却系统有风冷、水冷和双重冷却三种形式；增湿设备包括蒸发水盘或和喷雾设备；通风装置包括单体或群体风机以及进出风门；翻蛋设备有电动和气动两种；控制系统普遍采用模糊控制技术和数字化可编程的计算机管理。

三、种蛋的收集与管理

种蛋越新鲜，孵化率越高，健雏率越高。加强种蛋收集与管理是提高孵化率的关键。

1. 种蛋的选择

种蛋的来源应为生产性能稳定、高产、繁殖性能好且无传播疾病、饲喂全价饲料的种群。过大、过小、过长、过圆以及双黄蛋、畸形蛋不能作种用。蛋重：蛋用鸡 50～65g，肉用鸡 52～68g；鸭蛋 80～100g，鹅蛋 160～200g。蛋壳质地致密均匀，壳厚适中，无裂纹，无畸形，剔除钢蛋、薄皮蛋、砂皮蛋、皱纹蛋、破壳蛋。被粪便等脏物污染的蛋不可作种用，轻微污染的种蛋应及时用酒精清洁干净，单独存放。

2. 种蛋冷藏

种鸡场冷藏库是临时存放种蛋的地方，温度 20～22℃，相对湿度 70%～80%。临时冷藏库内的种蛋应在当天运送到孵化厂。运送到孵化厂的种蛋一般用甲醛熏蒸消毒 20min，或喷雾消毒 15min，然后进入冷藏库贮存。孵化厂的种蛋在 10～15℃温度下保存最长不要超过 3d；在 21～25℃的环境下保存最长不能超过 7d。保存时间越长，孵化效果越差。

3. 种蛋的消毒

种蛋入孵前，必须进行一次消毒。常用的消毒方法是甲醛熏蒸法：先将种蛋装入孵化器内，然后用药熏蒸。用药量按每平方米空间用高锰酸钾 21g、福尔马林 42ml 的量计算。先将高锰酸钾放入瓷盆中，将盆放在孵化器底部，加入少量温水，再将福尔马林缓慢倒入盆中，立即关闭孵化器，熏蒸 30min 后，打开孵化器门或打开风机进行通风，排除剩余甲醛蒸气，待无气味后关闭孵箱门开机升温。

4. 入孵

将验收合格，码放整齐的种蛋，按产蛋日期的先后顺序，依次装入蛋车入孵。

四、人工孵化技术

1. 孵化温度

种蛋入孵前 12h 要进行预热处理。方法是将种蛋大头朝上码在蛋盘里，放在 22～25℃环境下预热。上蛋时间最好在下午4 点钟左右，这样能使出雏高峰出现时间在白天，便于工作。孵化时，第 1～18d 的温度是 37.8℃，第 19～21d（出雏）的温度是 37.2℃。冬季及早春升高 0.2～0.4℃；夏季降低0.2～0.4℃。

2. 孵化湿度

胚胎的发育对湿度适应范围较宽，一般在 50%～70% 之间。第 1～7d 为前期，相对湿度应为 60%；第 8～17d 为中期，相对湿度应为 50%；第 18～21d 为后期，相对湿度为 70%。湿度适当，可使胚胎受热均匀。出雏时湿度高，雏鸡容易破壳。

3. 孵化时通风

胚胎发育时需要吸进氧气，排出二氧化碳气体，尤其孵化后期，更需要氧气。通风就是提供新鲜空气中的氧气，并能保证孵化器内的温度、湿度均匀，排除污浊气体。

4. 定时翻蛋

定时翻蛋的目的是为了改变胚胎位置，防止胚胎与蛋壳膜粘连，促进胚胎血液循环。翻蛋时要轻、稳、慢。角度要够，动作要安稳，一般每隔 1.0 ~ 2.5h 翻蛋 1 次，翻蛋角度为 ±45°，当蛋盘翻至最大角度时，蛋与蛋盘都不能掉下。孵化到第 18d 时，停止翻蛋。

5. 按时照蛋

照蛋的目的是拣出无精蛋、死精蛋，观察胚胎的发育情况。在孵化过程中可照蛋 2 ~ 3 次。如果照 2 次，第一次照蛋可安排在孵化的第 5 ~ 6d；第二次照蛋在移盘前，即第 18 ~ 19d。如果照 3 次，除上述两次外，在第 10 ~ 11d 也进行一次照蛋，这一次主要抽检部分胚蛋。照蛋要稳、准、快，尽量缩短时间，有条件时可提高室温。照蛋时，发现胚蛋小头朝上的要倒过来。最后统计无精蛋、死精蛋及破蛋数，并记录，计算受精率。

6. 按时移盘

将发育正常的胚胎蛋转入出雏器中继续孵化叫移盘。种蛋孵化到 18d 时移盘，19d 时雏鸡嘴已入气室内，开始啄壳，20d 陆续出壳，21d 出壳结束。

雏鸡出壳后，应在 24h 内接种马立克疫苗。

7. 雏禽的雌雄鉴别

对雏禽一般采用翻肛法鉴别雌雄。此法最好在雏鸡出壳后

2~12h 内进行，最迟不要超过 24h，否则生殖突起萎缩，鉴别比较困难。操作方法：在雏鸡出壳后毛干燥能够站立时，将其握在手中，排除粪便，将头夹在中指与无名指之间，大拇指固定肛门上方，用右手大拇指和食指轻轻地按捏肛门旁边，使肛门轻轻翻开，在明亮的光照下，如有很小的粒状阴茎突起，就是雄雏鸡，无突起的就是雌雏鸡。准确率可达 85％以上。

第三节　饲养管理技术

一、雏鸡饲养管理技术

1. 常用的育雏方式

（1）平面垫料育雏（地面育雏）：育雏舍地面铺上垫料，垫料可以是谷草等干净、吸水性良好的物品。一般厚为 3~5cm，并视垫草潮湿程度经常进行更换。地面育雏投资少，适合于小户。

（2）平面网上育雏：雏鸡饲养在鸡舍内离地面一定高度的平网上。平网可用金属、塑料或竹木制成，平网离地高度 50~60cm。雏鸡不与地面粪便接触，可减少疾病传播。网上育雏的优点是：可节省大量垫料，鸡粪可落入网下全部收集和利用，增加效益。此外，由于雏鸡不接触鸡粪和地面，环境卫生能得到较好的改善，减少了球虫病及其他疾病传播的机会。另外，由于雏鸡不直接触地面的寒、湿气，降低了发病率，育雏成活率较高。

（3）立体育雏：雏鸡饲养在鸡舍离开地面的重叠笼或阶梯笼内，提高了单位面积的育雏数量和房屋利用率；发育整齐，减少了疾病传染，提高了成活率。从饲养量、防病和工厂化管理程度和发展趋势看，还是立体笼养育雏优于地面育雏和平面网上育雏。

2. 饮水

（1）雏鸡应先饮水后开食，雏鸡进入育雏舍后应尽快给予饮水，初饮水中可加适量的复合维生素，水温保持与室温一致。

（2）必须有足够的饮水空间，饮水器按照每只鸡3cm水位配置，饮水要清洁卫生、新鲜，饮水器要经常清洗消毒，防止粪便污染。

在饲养期内的各个阶段，饮水器应尽量均匀分布在鸡活动的范围内。饮水器的高度与鸡背同高为宜，饮水器的高度要随雏鸡日龄增长及时调整。

3. 喂料

（1）雏鸡开食时间在入舍饮水后2~3h进行。开食的饲料要求新鲜，颗粒大小适中，易于啄食，营养丰富，容易消化，建议采用正规厂家提供的全价雏鸡料。雏鸡料放在铝制或木制的小料盘内，使其自由采食。为了使雏鸡容易见到饲料，可适当增加室内的照明。

（2）第1周每天饲喂6次以上，第2周每天饲喂4~6次，3周龄后，喂料要有计划，要让鸡将食槽的料吃完了后再喂料。

（3）要让鸡有足够的采食空间以满足其需要。在开始的3周内，应让鸡在任何时间都能得到饲料。

（4）每次加料以料盘的1/4高度为宜，注意随时清理料盘中的粪便和垫料，以免影响鸡的采食及健康。

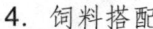

4. 饲料搭配

育雏期建议饲喂全价配合饲料，雏鸡日粮营养水平见表4。

表4　育雏期（0日龄~4周龄）饲料营养水平

营养指标	含量
代谢能（MJ/kg）	12.12
粗蛋白（%）	21.00
赖氨酸（%）	1.05
含硫氨基酸（%）	0.46
钙（%）	1.00
非植酸磷（%）	0.45

5. 温度

1~3日龄育雏舍温度33~35℃，以后逐周降低，到6周龄时温度降至18~21℃或与室外温度一致；夜间气温低，应使舍内温度保持与日间一致。育雏期的适宜温度见表5。

表5　雏鸡各阶段的适宜温度

阶段	1~3日龄	2周龄	3周龄	4周龄	5周龄	6周龄
适宜温度（℃）	35~33	30~28	28~26	26~24	24~21	21~18

6. 湿度

虽然相对湿度不像温度那样要求严格，但在极端情况下或与其他因素共同发生作用时，可能对雏鸡造成较大危害。0~7日龄，相对湿度为65%~70%；8~10日龄，相对湿度为60%~65%；15~28日龄，相对湿度为55%~60%；28日龄后，相对湿度稳定在55%左右。四川省一般是高湿天气，如偶遇湿度过低，可适当喷水增加空气湿度。

7. 密度

育雏期饲养密度主要依据周龄和饲养方式而定。

笼养：1 日龄～3 周龄，密度为 30～50 只/m²；4～6 周龄，密度为 15～25 只/m²。

平养：1 日龄～3 周龄，密度为 20～35 只/m²，4～6 周龄，密度为 10～20 只/m²。

8. 断喙

为减少啄癖的发生，建议对雏鸡施行断喙。断喙时将雏鸡喙尖在断喙器上轻轻地烙烫，去掉上喙尖钩，严格控制断喙长度，以保证上市时成鸡喙的完整性。一般 7～10 日龄进行。断喙前 1d 在饮水中加入复合维生素以减少应激。

9. 光照时间和强度

密闭鸡舍 1～3 日龄 24h 光照，以后每天为 23～20h，避免在突然停电情况下，雏鸡惊群。光照强度不可过大，否则会引起啄癖。开放式鸡舍白天应采取限制部分自然光照，这可通过遮盖部分窗户来达到此目的。随着鸡的日龄增大，光照强度则由强变弱。1～2 周龄时，每平方米应有 2.4～3.2W 的光照度（灯距离地面 2m）；从第 3 周龄开始改用 0.8～1.3W/m²；4 周龄后，弱光可使鸡群安静，有利于生长。

10. 通风换气

保持空气新鲜，舍内不应有刺鼻、刺眼的感觉。为使室内保持有新鲜空气就必须处理好温度和通风的关系。寒冷季节理想的通风方式为横向通风，横向通风进风口与排风口距离较近，比较容易在短时间内将污染空气排出舍外。通风方法有自然和机械通风两种，密闭鸡舍多采用后者。

二、放养鸡饲养管理技术

1. 放养准备工作

（1）对放养地点进行检查，查看围栏是否有漏洞，如有漏洞应及时进行修补，减少鼠害、蛇等天敌的侵袭造成鸡的损失。在放养地搭建固定式鸡舍或安置移动式鸡舍，以便鸡群在雨天和夜晚的歇息。在放养前，灭一次鼠，但应注意使用的药物，以免毒死鸡。

（2）对拟放养的鸡群进行筛选，淘汰病弱、残肢个体。同时准备饲槽、饲料和饮水器。

（3）雏鸡在育雏期即进行调教训练，育雏期在投料时以口哨声或敲击声进行适应性训练。放养开始时强化调教训练，在放养初期，饲养员边吹哨或敲盆边抛撒饲料，让鸡跟随采食；傍晚，再采用相同的方法，进行归巢训练，使鸡产生条件反射形成习惯性行为。通过适应性锻炼，让鸡群适应环境，放养时间根据鸡对放养环境的适应情况逐渐延长。

2. 放养时间的选择

雏鸡脱温后，一般要 4 周龄之后，白天气温不低于 15℃ 时开始放养，气温低的季节，40～50 日龄开始放养。

四川省气候区域性、复杂性特征突出，气候类型多，山地气候垂直变化大，季风气候明显，季节气候有鲜明的区域特色。根据水、热条件和光照条件的差异，四川省可分为四川盆地中亚热带气候区、川西北高原高山高寒气候区以及川西南山地热带半湿润区三大部分。

（1）四川盆地：四川盆地 4 月平均气温 15～19℃，建议在 4～10 月放养为宜，11 月至次年 3 月份则采用舍内养殖为主、放牧为辅的饲养方式。

（2）川西北高原：川西北高原气候区年平均气温低于8℃，4月平均气温10～15℃，10月平均气温5℃左右，建议6月底到7月放养至11月为宜，其他月份采用舍内养殖为主、放牧为辅的饲养方式。

（3）川西南山地：川西南山地年平均气温谷地15～20℃，山地5～15℃。4月平均气温10～24℃，7月平均气温15～26℃，10月平均气温10～20℃，建议3～11月放养为宜，其他月份采用舍内养殖为主、放牧为辅的饲养方式。

3. 放养场地的养殖密度

放养应坚持"宜稀不宜密"的原则。根据林地、果园、草场、农田等不同饲养环境条件，其放养的适宜规模和密度也有所不同。各种类型的放养场地均应采用全进全出制，一般一年饲养2批次。根据土壤畜禽粪尿（氮元素）承载能力及生态平衡，在不施加化肥的情况下，不同放养场地养殖密度分别为：

（1）阔叶林：承载能力为134只/（亩①·年），每年饲养2批，密度为每批不超过67只/亩。

（2）针叶林：承载能力为60只/（亩·年），每年饲养2批，密度为每批不超过30只/亩。

（3）竹林：承载能力为130只/（亩·年），每年饲养2批，密度为每批不超过65只/亩。

（4）果园：承载能力为88只/（亩·年），每年饲养2批，密度为每批不超过44只/亩。

---

① 1亩＝666.7m²，以下同。

（5）草地：承载能力为 50 只/（亩·年），每年饲养 2 批，密度为每批不超过 25 只/亩。

（6）山坡、灌木丛：承载能力为 80 只/（亩·年），每年饲养 2 批，密度为每批不超过 40 只/亩。

（7）耕地：一般情况下，耕地不适宜进行放养鸡饲养，在施加畜禽粪尿时，每亩土地每年不超过 123 只肉鸡的粪便。

4. 放养期日常饲养管理

（1）公母分群饲养：公鸡争斗性较强，饲料效率高，竞食能力强，体重增加快；而母鸡沉积脂肪能力强，饲料效率差，体重增加慢。公母分群饲养，各自在适当的日龄上市，有利于提高成活率与群体整齐度。

（2）供水：放养鸡的活动空间大，由于野外自然水源很少，必须在鸡活动范围内保证充足、卫生的水源供给，尤其是夏季更应如此，同时在冬天饮水要进行防冻处理。采用饮水器按照每 50 只鸡配置 1 个（直径 20cm）；若使用水槽，每只鸡水位为 3 ~ 5cm。

（3）饲喂技术

①合理喂料：野外自由觅食的自然营养物质，远远不能满足鸡生长的需要，应根据鸡的日龄、生长发育、林地草地类型、天气情况等决定人工喂料次数、时间、营养及喂料量。放养早期多采用营养全面的饲料，以保障鸡群的健康生长。喂料应定时定量，不可随意改动，这样可增强鸡的条件反射。夏秋季可以少喂，春冬季可多喂一些，每天早晨、傍晚各喂料 1 次；喂料量随着鸡龄增加而增加。其具体为：5 ~ 8 周龄，每天每只喂料 50 ~ 70g；9 ~ 14 周龄，每天每只喂料 70 ~ 100g；15

周龄至上市，每天每只喂料 100 ~ 150g。

②营养需要：放养期各阶段营养需要量见表 6。

表6　放养鸡各阶段参考营养需要量

营养指标	5 ~ 8 周龄	8 周龄以上
代谢能（MJ/kg）	12. 54	12. 96
粗蛋白（%）	19. 00	16. 00
赖氨酸（%）	0. 98	0. 85
蛋氨酸（%）	0. 40	0. 32
钙（%）	0. 90	0. 80
有效磷（%）	0. 40	0. 35

③饲料搭配：由于放养场地可供鸡采食的自然营养物质微乎其微，为了使鸡生长的遗传潜力得到最大限度发挥，我们推荐全程使用优质安全的全价配合饲料。在一些地区，由于市场接受上市体重较大的鸡，需要延长鸡的生长期，这种情况下若全程使用全价配合饲料，则不一定是最经济的，因此可以在配合饲料基础上搭配使用能量饲料。5 ~ 8 周龄：建议使用中鸡全价配合饲料；9 ~ 14 周龄：建议使用大鸡全价配合饲料加 20%左右的能量饲料，如玉米；15 周龄至上市，建议使用大鸡全价配合饲料加 40% 左右的能量饲料，能量饲料添加的比例随周龄增加。

④饲料存放：饲料存放在干燥的专用存储房内，存放时间不超过 15d，严禁饲喂发霉、变质和被污染的饲料。

5. 严防中毒

果园内放养时，果园喷过杀虫药和施用过化肥后，需间隔7d 以上才可放养，雨天可停 5d 左右。刚放养时，最好用尼龙网或竹篱笆圈定放养范围，以防鸡到处乱窜，采食到喷过杀虫药的果叶和被污染的青草等。鸡场应常备解磷定、阿托品等解毒药物，以防不测。

三、饲料配制技术

1. 合适的饲养标准

不同品种的鸡所需要的营养标准是不相同的，即使是同一品种的鸡各个生长阶段的营养标准也是不相同的。种鸡、蛋鸡、肉鸡需采用不同的营养标准。在配制饲料前，要根据所饲养的鸡群品种、日龄、生长发育阶段、生产目的和生产水平，选择适宜的饲养标准。确定鸡群的营养需求量，再与饲料的供给相结合起来，满足鸡的生产需要，以提高饲料的转化率和饲料报酬为目标，最大限度地发挥鸡的生产性能。

2. 配方要合理

一般养殖户可以参考饲料厂家的推荐配方，专业人员可以根据自己拥有的原料来设计配方。配方要科学合理，原料品种要多样化。由于鸡的胃容积较小，消化道较短，饲料在消化道存留的时间短，在配料时，既要考虑饲料的营养水平，也要考虑饲料的适口性、容重、消化率和营养成分间的平衡。要保证鸡既能吃得下，又能满足营养需求，尤其是蛋雏鸡和肉仔鸡要多选用高能量、高蛋白的原料。同时，为保证饲料营养全面平衡，要多选用几种原料，以充分发挥各种原料间的营养互补作用，从而达到提高饲料利用率的目的。

3. 利用当地饲料资源

选择原料时要因地制宜，充分利用当地现有的饲料原料，这样不仅可以节省大量运费，降低成本，同时也促进当地原料就地消化，使养鸡业循环健康发展。例如：在玉米价格高过小麦时，可以调整配方，添加复合酶，使用小麦来替代玉米。

4. 严把饲料原料关

饲料原料的质量如何，直接关系到饲料配制的效果。在采购饲料原料时，要严格注意原料的质量，要选用新鲜原料，严禁用发霉变质的原料。并且要鉴别饲料原料的真假，禁用掺杂使假、品质不稳定的原料。慎用含有毒素和有害物质的原料，如棉饼含有棉酚，要严格控制用量，不可超过日粮的5%。对于蓖麻饼等非常规植物蛋白饲料，由于消化利用率较低，一般添加量不超过3%，最好是不使用。玉米作为能量饲料，用量一定要控制在14%以内。

5. 合适的饲料添加剂

在选用饲料添加剂时，要注意品种全面有效、经济稳定、安全适量。氨基酸、维生素、矿物元素、药物添加剂、酶制剂等都是养鸡不可缺少的添加剂，要根据鸡的品种、生长阶段、生产目的、生产水平，按产品使用说明添加，避免浪费和引起鸡中毒，特别是药物添加剂必须控制使用量和使用时间。添加植酸酶或复合酶制剂，以提高饲料的品质，降低饲料成本。在夏季高温时，可以添加大蒜素来预防细菌性疾病，改善饲料适口性；添加甜菜碱能缓解热应激。在秋季新玉米大量上市时，适当添加磷脂可以弥补能量水平不足。另外，所有添加剂都要选择有信誉的大厂家的产品，尽可能使用同一厂家的产品，这样饲料品质会更好。

6. 要限制粗纤维含量

由于鸡的消化特点决定，在饲料配制时要注意限制粗纤维的含量。鸡没有牙齿，所食饲料不经咀嚼就进入食道到达嗉囊，在嗉囊经过短时间的浸泡，进入肌胃、腺胃。一切食物仅靠肌胃的收缩磨碎来替代牙齿的咀嚼作用。所以，特别是雏鸡，对粗纤维的消化能力差。因此，饲料中粗纤维的含量，雏鸡不超过3%，肉仔鸡不超过4%，育成鸡和蛋鸡要控制在7%以内。

7. 混合要均匀

在饲料加工时要注意混合均匀度。要按照混合机的要求，不可延长或者缩短混合时间。因为好的混合均匀度是提高饲料利用率的关键之一。由于配制的全价料多为粉料（农户自己一般不进行制粒），玉米、豆粕等许多原料要粉碎，其粒度一般以在1.5~2mm为宜。在加工过程中，各种原料要严格按配方比例准确称量，搅拌时间要控制好，以防搅拌不匀或饲料分级。对于添加量小的，在1%以内的，像多种维生素、多种矿物质等，添加时可以先进行预混合处理，用等量的麸皮进行逐级混合，以确保均匀。特别应注意的是，胆碱不能直接和多维混合，因为胆碱具有吸湿和强氧化性，会降低维生素的效价。

8. 保持日粮稳定性并要适时调整

采取阶段饲养时要注意日粮的相对稳定性。雏鸡和产蛋鸡对日粮的变化十分敏感，日粮配方不宜频繁变动。不同阶段的日粮变更要注意逐渐过渡，切忌突变，以免造成鸡采食量下降、拒食或消化不良。同时，要根据不同季节、不同生产阶段、不同生产水平和饲料原料价格变化，适当调整日粮配方。如夏季炎热，鸡的采食量减少，需增加饲料中的蛋白质含量10%左右。冬季寒冷，鸡用以维持体温的能耗增大，饲料中的能量要适当提高。

9. 科学保管饲料

配制全价饲料要遵循"现用现配"的原则，一般一次配 7 ~ 10d 日粮的量。在夏季高温时饲料储存时间要短，一般以 3d 为宜。冬季可以相对储存时间长一点，但不要超过 2 周。因为混合饲料湿度较高，通气性差，粉碎混合后时间过长会造成脂肪、维生素等营养物质的损失。据资料表明，饲料储存时间达 1 个月，维生素的效价会大大降低。另外，特别是夏季，高温高湿的环境极易使饲料发霉变质。要保证存放饲料的储藏室内通风、避光、干燥、防鼠、防污染。袋装饲料要离地、离墙堆放，最好用木板搭空离地 20cm 以上，而且不要堆压过高过重。

四、经营管理技术

1. 建立养殖档案

建立养殖档案，包括进雏日期、进雏数量、雏鸡来源、进雏时的动物检疫合格证明等。完整的生产记录包括：有日期、日龄、日死淘、日饲料消耗及温、湿度等记录；有饲料、兽药使用记录，包括使用对象、使用时间和用量记录；有完整的免疫、用药、抗体监测及病死鸡剖检记录。生产管理档案应保存 2 年以上。

2. 适时上市

为增加鸡肉的口感和风味，应适当延长饲养周期，控制出栏时间，一般应在 120d 以后。特别地需要根据市场行情及售价，适当缩短或者延长上市时间。

3. 成本核算

养殖户要进行成本核算，每一批鸡单独核算，做到心中有数。生产过程中建立流水账目，包括支出及收入项目，要有针对性地减少支出而提高养殖利润，如根据各阶段鸡营养需要自配饲料、加强饲养管理而减少药物投入费用等。最后，算出亏盈并作出评价，是否有利可图。

第四节　圈舍设计技术

一、鸡场场址选择的基本要求

卫生防疫条件是否有利于安全生产，这是选择场址所要考虑的首要因素。现代养鸡业的实践证明，鸡病的发生与传播，给养鸡业带来的威胁和损失最大。即使人们尽最大努力在卫生防疫上采取一切严密措施，仍是防不胜防。养鸡是为了给人们提供营养品，自然不能与外界隔绝往来，所以，在鸡场场址选择上，既要考虑防疫安全，又要为生产的正常运转提供方便。办鸡场选择半径在 1~2km 内无居民区和工厂的不宜耕作的地段，就基本上具备防疫条件。建场应尽量不占或少占农田，充分利用比较平坦的荒山荒坡。要求地势高燥，排水良好，水源供应充足，水质好，供电方便，而且要考虑交通方便，以利于运输。但鸡场要离主干线公路3km以上。

1. 选址

鸡舍一般选地势高燥、背风向阳、环境安静、水源充足卫生、排水和供电方便的地方，场地坡度不能超过25°。放养鸡生产，既要建设鸡舍，又要有适宜鸡放牧的场地。养殖场区应选择在地势高燥、背风向阳、环境安静、水源充足卫生、排水和供电方便的地方，且有适宜放养的林带、果园、草场、荒山荒坡或其他经济林地，满足卫生防疫要求。场区距离干线公路、村镇居民集中居住点、生活饮用水源地500m以上，与其他畜禽养殖场及屠宰场距离 1km 以上，周围 3km 内无污染源。

2. 合理利用土地资源

有适宜放养的林带、果园、草场、荒山荒坡或其他经济林地。重点考虑利用荒山、荒坡、荒丘、荒滩等上地资源。

3. 保温、节能、环保优先

温度的剧烈波动严重影响肉鸡的健康和生产性能，所以鸡舍设计过程中，应根据当地的气候情况进行全面考虑，通过增加鸡舍的保温措施和通风措施来节能，从而节约成本。

4. 实现机械化、自动化

机械化、自动化主要用于规模化、标准化的肉鸡养殖。可以减少工人体力劳动，使其更好地照料鸡群，充分发挥肉鸡的生产性能，从而获得最大的经济效益。

5. 废弃物无害化处理

从整体环境上做好规划，做到净、污分隔，有效防止交叉感染；实行全进全出，做好消毒灭菌工作；利用场地的地形地势，进行植树种草，就地吸附，本场消纳，有效地做到环境自净。

二、鸡舍建设

1. 育雏舍

育雏舍建设参照四川省畜牧兽医局发布的《畜禽适度规模养殖圈舍建设方案草图》，应有专用笼具、专用消毒设备，并配备取暖、通风、光照及防鼠等设施。舍内设备根据具体的育雏方式进行配置。

育雏前要准备好保温设备、饲槽、饮水器、水桶、料桶、温湿度计、扫帚、清粪工具、消毒用具等；另外，根据实际情况添置需要的用具。若是笼养育雏，还要准备专用的育雏笼。

针对农村土鸡养殖，育雏笼也可就地取材自制，便于雏鸡采食、饮水和饲养人员管理操作即可。育雏笼见图1、图2。

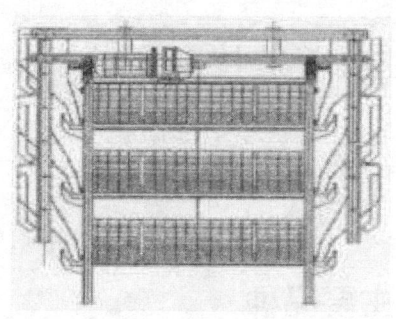

图1　层叠式育雏笼

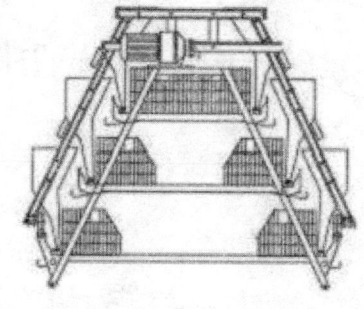

图2　三层阶梯式育雏笼

2. 放养鸡舍

在紧靠放养场地，应设放养鸡舍（生长鸡舍）。放养鸡舍有固定式鸡舍和移动式鸡舍两种。

（1）固定式鸡舍：固定式鸡舍要求防暑保温，背风向阳，光照充足，布列均匀，便于卫生防疫，面积按每平方米养12只鸡修建，内设栖息架，舍内及周围放置足够的喂料和饮水设备。使用料槽和水槽时，每只鸡的料位为10cm，水位为5cm；也可按照每30只鸡配置1个直径30cm的料桶，每50只鸡配置1个直径20cm的饮水器。

（2）移动式鸡舍：移动式鸡舍要求能挡风，不漏雨，不积水即可，材料、形式和规格因地制宜，不拘一格，但需避风、向阳、防水、地势较高，面积按每平方米养12只鸡搭建，每个鸡舍的大小以容纳成年鸡100～150只为宜，多点设棚，内设栖息架，鸡舍周围放置足够的喂料和饮水设备，其配置情况与固定式鸡舍相同。

第三章　牛健康养殖技术

第一节　主要品种

一、主要地方牛品种

1. 巴山牛

巴山牛为役肉兼用型黄牛地方品种。主产于四川、湖北、陕西三省交界的大巴山区，体格偏小，对多雨温湿环境有良好适应性，且对焦虫病有较强抵抗力。成年公牛平均体高为124cm，体重为404kg；母牛平均体高为114cm，体重为313kg。44.4月龄巴山牛公牛屠宰率为52.4%，净肉率为44.6%。种公牛利用年限为5～10年。母牛繁殖年限为12年，多数母牛三年产两胎。犊牛成活率为90.7%。

2. 川南山地黄牛

川南山地黄牛属小型役用型黄牛地方品种。产于四川盆地东南部边缘山区，主产于筠连、珙县、古蔺、叙永等县，分布于兴文、天全、荥经、宝兴、汉源等县，适应山区放牧饲养条件，善于爬坡和小块田耕作，具有耐粗饲、适应性强、役力强、性情温顺等特点，但存在个体小、肉用性能差的缺点。其成年公牛体高121.6cm，体重372.4kg；母牛体高113.5cm，体重 298.4kg。性成熟年龄为 12～18 月龄。初配年龄公牛为 36 月龄，母牛为 42 月龄。犊牛成活率较高，可达 93%。

3. 峨边花牛

峨边花牛属肉役兼用型地方黄牛品种。中心产区在四川省乐山市峨边彝族自治县中山地带的彝族聚居区。体格中等大小，性情温驯，繁殖性能好，抗病力强，产肉性能优良，役用性能良好，是四川省地方优良品种。成年公牛体高 121.6cm，体重 330.4kg；母牛体高 109.5cm，体重 259.5kg。性成熟年龄公牛为 18 月龄，母牛为 16 月龄。初配年龄公牛为 36 月龄，母牛为 42 月龄。母牛极少难产，犊牛成活率达 95.6%。

4. 平武牛

平武牛属役肉兼用型地方黄牛品种。主产于四川省平武县的南坝、平通、大桥、土城、旧堡、锁江、大印、豆叩等 8 个乡镇。平武牛耐粗放、抗病力强，但肉用性能较差。成年公牛体高 127.1cm，体重 463.9kg；母牛体高 113.7cm，体重 294.1kg。性成熟年龄公牛为 10 月龄，母牛为 12 月龄。初配年龄公牛为 36 月龄、母牛为 30 月龄。犊牛成活率为 85.9%。

5. 凉山牛

凉山牛属役用型地方黄牛品种。中心产区为四川省凉山彝族自治州的盐源、会东、会理、昭觉、美姑、普格、布拖 7 个县。体型矮小，行动灵活，耐粗饲，特别适宜于山区饲养和役用，但肉用性能较低。成年公牛体高 116.2cm，体重 356.5kg，母牛体高 108.8cm，体重 269.2kg。性成熟年龄公牛为 12 月龄，母牛为 18 月龄。初配年龄公牛为 18 月龄，母牛为 30 月龄。犊牛成活率为 94.9%。

6. 甘孜藏牛

甘孜藏牛为乳役兼用型地方黄牛品种。主产于四川省甘孜藏族自治州的康定、九龙、雅江、炉霍、甘孜等半农半牧区，遍布全州 18 个县（市）。体型矮小，头短而宽，适应性极强，耐粗放，温驯，易于管理，极少难产和流产。但个体偏小、生产性能较低。成年公牛体高 118.8cm，体重 397.5kg；母牛体高 110.8cm，体重 287.8kg。180d 泌乳 250kg，乳脂率为 4.1%。性成熟年龄公牛为 20～30 月龄，母牛为 15～20 月龄。初配年龄公牛为 42 月龄，母牛为 36 月龄。犊牛成活率为 86.8%。

7. 九龙牦牛

九龙牦牛是以肉用生产为主的横断高山型牦牛品种。主产于四川省甘孜藏族自治州的九龙县。中心产区位于九龙县斜卡和洪坝，凉山彝族自治州的木里、盐源、冕宁以及雅安市的石棉等县的高山草场上均有分布。成年公牦牛体高 137.5cm，体重 593.5kg；母牦牛体高为 116.6cm，体重为 314.4kg。在一般草地放牧不补饲的情况下，公牦牛屠宰率为 57.6%，净肉率为 47.9%；母牦牛屠宰率为 56.2%，净肉率为 48.5%。

8. 麦洼牦牛

麦洼牦牛是我国青藏高原型牦牛的地方良种。主产于阿坝藏族自治州红原县麦洼、色地、瓦切等地，分布于周边的阿坝、若尔盖、松潘等高寒地区。6 月龄公犊牛体重 50～75kg，平均日增重 267g；母犊牛体重 48～70kg，平均日增重 259g。成年公牛体高为 126cm，体重为 410kg；母牛体高为 106cm，体重为 220kg。放牧条件下，成年阉牛屠宰率为 55%，净肉率为 43%。

二、主要培育品种

1. 中国西门塔尔牛

中国西门塔尔牛为大型乳肉兼用型培育品种。主要分布于内蒙古、河北、吉林、新疆、四川等 26 个省、自治区。成年公牛体重 866.75kg，体高 144.75cm；母牛体重 524.49kg，体高 132.59cm。核心群母牛平均胎产奶量为 4 327.5kg，平均乳脂率为 4.03%；育肥至 18～22 月龄活重 573.6kg，屠宰率为 60.4%。公牛可直接作为肉用杂交的父系，对地方黄牛都有很好的改良效果。

2. 蜀宣花牛

蜀宣花牛是我国南方地区第一个具有自主知识产权的乳肉兼用型牛国家审定新品种。原产于四川省宣汉县，是以宣汉黄牛为母本，选用西门塔尔牛、荷斯坦牛为父本，通过杂交创新、横交和世代选育培育而成。含西门塔尔牛血缘 81.25%，荷斯坦牛血缘 12.5%，宣汉黄牛血缘 6.25%。体型中等，成年公牛的平均体重 782.2kg，成年母牛平均体重 522.1kg。18 月龄育肥体重 509.1kg，屠宰率为 58.1%，净肉率为 48.2%。母牛泌乳期平均产奶量为 4 495.4kg，乳脂率为 4.2%，乳蛋白率为 3.2%。蜀宣花牛具有生长发育快、乳用性能好、肉用性能佳、抗逆性强、耐粗饲、适应范围广等特点，能有效适应我国南方高温高湿和低温高湿的自然气候及农区较粗放的饲养管理条件，且与本地黄牛杂交改良效果好。

三、主要引进品种

1. 西门塔尔牛

西门塔尔牛原产于瑞士西部阿尔卑斯山区的河谷地带，属于乳肉兼用大型品种。泌乳期产奶量 4 000kg，乳脂率 4% 左右。成年公牛体重为 1 100 ~ 1 200kg，母牛体重为 650 ~ 800kg。产肉性能良好，12 月龄体重可以达到 450kg。公牛经育肥后，屠宰率可以达到 65%。胴体瘦肉多，脂肪少，且分布均匀。为杂交改良我国黄牛的主推品种，杂交改良效果好。

2. 夏洛莱牛

夏洛莱牛原产于法国中西部到东南部的夏洛莱省和涅夫勒地区，是举世闻名的大型肉牛品种。该牛最显著的特点是被毛为白色或乳白色，皮肤常有色斑。骨骼结实，四肢强壮，肌肉丰满，后臀肌肉很发达，并向后和侧面突出，常形成"双肌"特征。成年活重公牛为 1 100 ~ 1 200kg，母牛为 700 ~ 800kg。产肉性能好，屠宰率一般为 60% ~ 70%，胴体净肉率为 80% ~ 85%。母牛年产奶量 1 700 ~ 1 800kg，乳脂率 4.0% ~ 4.7%。母牛初情期在 13 ~ 14 月龄，17 ~ 20 月龄可配种，但此时期难产率高达 13.7%，因此在原产地将配种时间推迟到 27 月龄。该品种适应放牧饲养，具有耐寒、抗热等适应性强的特点。在改良我国黄牛生长速度慢、体格小等方面具有较大优势，但要注意其难产率高的显现，应科学利用引进该品种。

3. 安格斯牛

安格斯牛属古老的小型肉牛品种，原产于苏格兰东北部的阿拉丁、安格斯、班芙和金卡丁等郡。具有胴体品质好，牛肉产出多、肌肉大理石花纹明显、抗逆性强、耐粗饲等特点。体型较小，成年公牛体重 700 ~ 900kg，体高 130.8cm；成年母牛体重 500 ~ 600kg，体高 118.9cm。肉用性能良好，被认为是世界上各种专门化肉用品种中肉质最优秀的品种。屠宰率一般为

60%～65%。12月龄性成熟，但常在18～20月龄初配。产犊间隔短，连产性好，极少难产。在四川地区引入安格斯牛与本地黄牛杂交后，其后代前期生长发育快、饲料利用率高、肉质好，深受广大饲养者的喜爱。

4．娟姗牛

娟姗牛以耐热性和抗病力强而著称，原产于英国英吉利海峡南端的娟姗岛，是一个性情温驯、体型轻小、高乳脂率的奶牛品种。成年公牛活体重为650～750kg。成年母牛体高113cm，体长133cm，体重340～450kg。犊牛初生体重为23～27kg。娟姗牛性成熟早，通常在24月龄产犊。母牛一般年平均产奶量3 500～4 500kg，乳质浓厚，乳脂黄色，风味好，乳脂率为5.5%～6.0%。乳脂肪球大而易于分离，适于制作黄油。

第二节　繁育技术

一、发情与配种

1．发情表现

母牛发情时，其行为特征和生理特征具有明显变化，主要表现为行为变化、生殖道变化和卵巢变化。

（1）行为变化

①爬跨现象：发情母牛有爬跨或被爬跨现象，特别在发情盛期，当发情牛被爬跨时，常静立不动，愿意接受交配。

②一般行为变化：眼睛充血有神，兴奋不安，鸣叫，食欲减退甚至拒食，排尿次数增多，产奶量下降。

（2）生殖道变化

①阴户变化：充血肿胀，流出黏液。发情初期，黏液稀薄量少；盛期黏液量增加，黏度增高，牵拉 6~8 次不断。

②阴道出血：在发情后期有 90% 的育成牛和 50% 的成年牛从阴道排出少量血液的现象。据研究，在输精后第二天出现流血的母牛受胎率最高。

（3）卵巢变化

通过直肠检查发现，发情初期，卵泡直径 0.5~0.75cm，波动不明显；发情盛期，卵泡增加到 1~1.5cm 时，呈小球状，波动明显；排卵后成为一个小窝，排卵后 6~8h，黄体开始生长小窝被黄体填平。

2. 初配年龄

后备牛进入初情期（第一次发情），表明具备了繁殖后代的能力，但此时后备牛生殖器官结构和功能尚未完善，骨骼、肌肉和各内脏仍处于快速生长阶段，如果此时配种，不仅会影响其本身的正常发育和生产性能，还会影响到犊牛的健康。因此，母牛通常 16~20 月龄，体重占成年体重的 60%~70% 时才能配种；公牛通常 18~20 月龄，体重占成年体重的 60%~70% 时才能配种。

3. 适时配种

（1）根据发情时间：母牛发情开始后 12~18h 或母牛停止发情（拒绝爬跨）后 8h 内为最适输精时间。也可采用上午发情下午输精，下午发情次日上午输精的原则。

（2）根据母牛黏液变化：母牛阴道流出的黏液呈半透明、黏稠性差，牵丝较短，乳白色，似浓炼乳状或烂豆花状时输精为宜。

（3）根据卵泡发育情况：卵泡壁薄，波动明显，有一触即破之感时输精。若8~12h后卵泡仍未破裂可再输精一次。

（4）一个情期内两次输精间隔时间为8~12h。

二、妊娠诊断

在母牛的繁殖管理中，妊娠诊断有着重要的经济意义，尤其是早期诊断可减少空怀，增加产奶量，提高繁殖率。妊娠诊断方法虽然很多，目前在生产实践中应用的主要有外部观察法、直肠检查法、超声波诊断法和黄体酮水平测定法等4种。

1. 外部观察法

妊娠最明显的表现是发情周期停止，配种后18~24d不再发情；食欲增加，被毛光亮，性情温顺，行动谨慎；到5个月后，腹围出现不对称，右侧腹壁突出，乳房逐渐发育。外部观察法通常作为一种辅助的诊断方法。

2. 直肠检查法

直肠检查法是判断是否妊娠和妊娠时间最常用的，且最直接可靠的方法。有经验的人员在母牛配种后40~60d就能作出判断，准确率高达90%以上。

母牛妊娠21~24d，在排卵侧卵巢上，存在有发育良好，直径为2.5~3cm的黄体，90%是怀孕了。配种后没有怀孕的母牛，通常在第18d黄体就消退，因此，不会有发育完整的黄体。需要注意的是，胚胎早期死亡或子宫内有异物也会出现黄体，应注意鉴别。

妊娠30d后，两侧子宫大小不对称，孕角略为变粗，质地松软，有波动感，孕角的子宫壁变薄；而空角仍维持原有状态。用手轻握孕角，从一端滑向另一端，有胎膜囊从指间滑过的感觉，若用拇指与食指的指肚轻压子宫角，可感到子宫壁内有一层薄膜滑过。

妊娠 60d 后，孕角明显增粗，相当于空角的 2 倍左右，波动感明显，角间沟变得宽平，子宫开始向腹腔下垂，但依然能摸到整个子宫。

妊娠 90d，孕角的直径为 12~16cm，如胎儿头大小，波动极明显；空角也增大了 1 倍，角间沟消失，子宫开始沉向腹腔，初产牛下沉要晚一些。子宫颈前移，有时能摸到胎儿。孕侧的子宫中动脉根部有微弱的震颤感（妊娠特异脉搏）。

妊娠 120d，子宫全部沉入腹腔，子宫颈已越过耻骨前缘，一般只能摸到子宫的背侧及该处的子叶（如蚕豆大小），孕侧子宫动脉的妊娠脉搏明显。

3. 超声波诊断法

超声波诊断法是利用超声波的物理特性和不同组织结构的声学特性相结合的物理学妊娠诊断方法。目前，国内试制的有两种：一种是用探头通过直肠探测母牛子宫动脉的妊娠脉搏，由信号显示装置发出的不同的声音信号，来判断妊娠与否。另一种是探头自阴道伸入，显示的方法有声音、符号、文字等形式。重复测定的结果表明，妊娠 30d 内探测子宫动脉反应，40d 以上探测胎心音可达到较高的准确率。但有时也会因子宫炎症、发情所引起的类似反应干扰测定结果而出现误诊。

4. 黄体酮水平测定法

根据妊娠后血中及奶中黄体酮含量明显增高的现象，用放射免疫和酶免疫法测定黄体酮的含量，判断母牛是否妊娠。由于收集奶样比采血方便，目前测定奶中黄体酮含量的较多。研

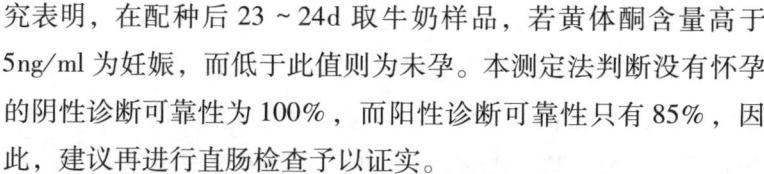

究表明，在配种后 23～24d 取牛奶样品，若黄体酮含量高于 5ng/ml 为妊娠，而低于此值则为未孕。本测定法判断没有怀孕的阴性诊断可靠性为 100%，而阳性诊断可靠性只有 85%，因此，建议再进行直肠检查予以证实。

三、分娩与接产

提前准备好接产及助产所必需的碘酒、高锰酸钾、干毛巾、消毒的剪刀、结扎脐带用的丝线等用具和消毒药品。母牛分娩时，先检查胎位是否正常，遇到难产及时助产。胎位正常时尽量让其自由产出，不强行拖拉。胎儿头、鼻露出后如羊膜未破，可用手扯破，同时应避免羊水或黏液被犊牛吸入鼻腔。犊牛产出后，要立即用毛巾或布片将犊牛鼻腔和口腔的黏液擦净，确保犊牛呼吸畅通。如果发生难产，应先将胎儿顺势推回子宫，矫正胎位，不可硬拉。倒生时，应及早拉出胎儿，以免造成胎儿窒息死亡。如果犊牛已吸入黏液而造成呼吸困难时，可用手轻轻拍打犊牛胸部，促其呼吸；严重者，可提起犊牛两后肢，用力拍打犊牛胸部，使其吐出黏液，以便犊牛迅速恢复正常呼吸。

四、产后母牛的护理

1. 产后能量和水分的补充

产犊后的母牛体力消耗很大，疲劳且口渴，要尽快使其站起来喝水，给予 40℃左右的盐水麸子汤，有利于尽快恢复体力和胎衣的排出。同时，肌肉注射催产素 100IU。产犊后，特别是经助产的母牛有时有继续努责的表现，说明有子宫角内翻的可能，要马上处理，否则有子宫脱出的危险。

2. 胎衣和恶露的排出

产后 6h 胎衣仍未排出，应抓紧处理。如果大部分胎衣排出只有少部分在阴道内可能是被夹住了，应向外拉一拉，拉不出来，或者大部分在体内说明胎衣未下，应立即向子宫内投入10%氯化钠注射液1 000ml（40℃），可再次加入催产素100IU。如发现恶露内有脓汁或异味，说明已经发生了子宫内膜炎，应大剂量静脉点滴输入抗生素类药。

3. 产后母牛的饲喂要求

母牛产后2d内应以优质干草为主，适当补充精料。产后4~6d若母牛食欲良好、粪便正常、乳房水肿消失，可逐渐增添精饲料和青贮料的给量。精料的增加量以450g/d为宜。产后1周内，母牛应饮用38℃左右的温水。

第三节　饲养管理技术

一、种公牛的饲养管理技术

1. 种公牛的饲养

根据种公牛的营养需要，在饲料的安排上，应该是全价营养，多样化配合，适口性强，容易消化，精、粗、青饲料要搭配得当。精料的蛋白饲料选择应以生物学价值高的蛋白质饲料为重点，如豆粕等，尽量少使用棉粕、菜粕等。精料的比例以占总营养价值的40%左右为宜。

种公牛日粮可分为上、下午定时定量喂给，夜晚饲喂少量干草。日粮组成要相对稳定，不要经常变动。每2~3个月称体重1次，检查体重变化，以调整日粮配方。饲喂要先精后粗，防止过饱。每天饮水3次，夏季增加到5次，但要注意采精或配种前禁止饮水。

2. 种公牛的管理

种公牛在管理上一般要指定专人，因为公牛的记忆力强，防御反射强，性反射强，随便更换饲养管理人员，容易给牛以恶性刺激。圈舍地面应平坦、坚硬、无渗漏，且远离母牛舍。舍内温度应在 10～30℃之内。夏季注意防暑，冬季注意防寒。

（1）拴系：种公牛必须拴系饲养，防止伤人。

（2）牵引：种公牛的牵引要用双绳牵，两人分左右两侧，人和牛保持一定距离。对烈性种公牛，用勾棒牵引，由一人牵住缰绳，另一人用勾棒勾住鼻环来控制。

（3）护蹄：种公牛经常出现趾蹄过度生长的现象，影响牛的运动、觅食和配种。因此，要经常检查趾蹄有无异常，保持清洁卫生。为防止蹄壁破裂，可涂抹凡士林或无刺激性的油脂。做到每年春、秋各削蹄1次。

（4）睾丸及阴囊的定期检查和护理：种公牛睾丸的最快生长期是6～14月龄。因此，在这个阶段要加强营养和护理，经常对睾丸进行按摩，每次5～10min；注意阴囊的清洁卫生，定期进行冷敷，以改善精液质量。

（5）运动：种公牛每天上、下午各进行1次运动，每次2h左右。

（6）合理利用：种公牛的使用要合理适度，一般1.5岁牛采精每周1次或2次，2岁后每周2次或3次，3岁以上可每周3次或4次。交配和采精时间应在饲喂后2～3h进行。

二、犊牛的饲养管理技术

犊牛一般是指从初生到断奶阶段（一般6月龄断奶）的小牛。这个阶段的生长发育是牛整个生命过程中最为迅速的时期。因此，要认真做好犊牛的饲养管理工作。

1. 犊牛的饲养

（1）及时哺喂初乳：初乳是指母牛分娩后7d内所分泌的乳汁。初乳对犊牛有特殊的生理意义，是初生犊牛不可缺少和替代的营养品。犊牛出生1~2h内哺喂初乳，第一次哺喂量不得低于1.5kg，初乳每日每头的哺喂量应占体重的10%左右，分3次供给，牛奶保持温度38℃。

（2）哺喂常乳：常乳哺喂有人工哺喂法和保姆牛哺乳法两种。

①人工哺乳：初乳饲喂4~5d后逐渐改为饲喂常乳，每日奶量分2~3次喂给，每次喂奶最好在挤完乳后立即进行，做到定时、定量、定温饲喂。70~90日龄断奶，全期用奶量250~300kg。

②保姆牛哺育法：是指犊牛直接随母牛哺乳，对于泌乳量较高的母牛，一头保姆牛一般可哺喂2~4头犊牛。采用该法时，注意以下方面：选择健康的母牛作为保姆牛，及时测定犊牛的生长发育情况，注意给母牛催乳，保证母牛的泌乳量。

（3）早期补饲植物性饲料，刺激瘤胃发育

①补饲干草：犊牛出生8日龄开始训练采食青干草，任其自由采食。其方法是：将优质干草放于饲槽或草架上。

②补喂精料：犊牛出生1周后即可训练采食精料，精料应适口性好，易消化并富含矿物质、微量元素和维生素等。其方法是：在喂奶后，将饲料抹在奶盆上或在饲料中加入少量鲜奶，让其舔食。喂量由少到多，逐渐增加，以食后不拉稀为原则，当能吃完100g/d时，每日精料量分2次喂给。1月龄时达

100g左右，2月龄时达500g左右，3月龄时达1 000g左右。

③补喂青绿多汁饲料：犊牛出生20d后可补喂青绿多汁饲料，如胡萝卜、瓜类、幼嫩青草等，开始每天20g，后逐渐增加，2月龄时可达1.5~2kg。

④青贮饲料：2月龄后补充青贮饲料，开始100g/d，3月龄达1.5~2kg。

（4）断奶至6月龄饲养

犊牛断奶后继续供给补饲时的精料，每日1kg左右，自由采食粗饲料，尽可能饲喂优质青干草，日增重控制在600g左右。

2. 犊牛的管理

（1）搞好清洁卫生：包括哺乳卫生、牛栏卫生和牛体卫生。

（2）饮水：保证供给犊牛清洁的饮水，喂奶期犊牛用32~38℃清洁饮水，以2份奶、1份水混匀饲喂，2周后改为饮用常温水。

（3）生长发育测定和编号：犊牛出生后要进行编号和称测体重，3月龄、6月龄时要分别称测体重和测量体尺等工作。

（4）穿鼻、去角和剪去副乳头：犊牛断奶后，在6~12月龄时应根据饲养的需要适时进行穿鼻，并带上鼻环。犊牛出生5~7d后采用电烙铁去角并剪去副乳头。

三、育成母牛的饲养管理技术

断奶至初产这一阶段的母牛，称为育成牛。这一时期的培育，不仅要获得较高的增重，而且要保证心血管系统、消化呼吸系统、乳房及四肢的正常发育，提高身体素质，使其将来能充分发挥遗传潜力，高产长寿。

1. 育成母牛的饲养

在饲养上，既要保证牛体充分生长发育，又不宜营养水平太高。使其在 16 ~ 18 月龄配种时体重达到 350 ~ 380kg，但不超过 450kg。日粮应以青粗饲料为主，补喂适量精饲料。在有条件的地方，育成母牛应以放牧为主。冬、春季舍饲时应喂给大量优质干草及青贮饲料。

2. 育成母牛的管理

（1）分群：育成母牛应与育成公牛分开，以年龄阶段组群，将年龄和体格大小相近的牛分在一群，同群牛月龄差异不超过 2 个月，体重不超过 30kg。

（2）称重：定期称取体重、测量体尺，检查生长发育状况，随时调整日粮，做到适时配种。

（3）定槽定位：拴系式圈养管理的牛群，应定槽定位，使每头牛有自己的牛床和食槽。

（4）加强运动：在饲舍条件下，每天至少要有 2h 以上的运动时间，促进乳房、心血管及消化、呼吸器官的发育。

（5）转群：育成母牛在不同生长发育阶段，生长速度不同，应根据年龄、发育情况按时转群。一般在 12 月龄、18 月龄、受胎后或至分娩前 2 个月共 3 次转群。

（6）乳房按摩：为了刺激乳腺的发育和促进产后泌乳，提高泌乳性能，12 月龄后应开始按摩乳房，每天 1 次，每次 5 ~ 10min；18 月龄后的妊娠母牛每天按摩 2 次，每次按摩时用热毛巾敷擦乳房，临产前 1 ~ 2 月停止按摩。在此期间，切忌擦拭乳头，以免擦去乳头周围的保护物，引起乳头龟裂或因病原菌从乳头孔侵入，导致发生乳腺炎。

（7）刷拭、调教：为了保持牛体清洁，促进皮肤代谢和驯成温顺的脾气，每天刷拭牛体1~2次，每次5~8min。要训练栓系、定槽认位，以便今后的挤乳和管理。

四、初产母牛的饲养管理技术

初产母牛是指第一次妊娠产犊的母牛。初产母牛本身还在继续生长发育，同时还要担负胎儿的生长发育。因此，初产母牛在分娩前须获取足够的营养，才能保证自身和胎儿生长发育的需要，使第一个泌乳期及其终生具有较高的产乳量。

1. 初产母牛的饲养

初产母牛在产犊前2~3个月要适当提高饲养水平，以满足自身生长、胎儿发育和储备营养的需要，日粮以青粗饲料为主，适当搭配精饲料，使母牛体况达到中、上等水平。临产前1~2周，当乳房已经明显膨胀时，应适当减少多汁饲料和精料的喂量。

2. 初产母牛的管理

（1）加强保胎，防止流产。分群管理，不要驱赶过快，防止挤撞；不可喂给冰冻或霉变的饲料，防止机械性流产或早产。

（2）进行乳房按摩，调教挤乳。一般在产犊前4~5个月开始进行乳房按摩，每天按摩2次，每次3~5min。初产牛乳头较小，应加强挤乳调教，对母牛加以安抚，消除紧张情绪，便于挤乳操作。

（3）做好产前、产后的准备和护理工作。初产母牛比经产母牛容易发生难产，产前工作要准备充分，产后要精心护理。

第四节 圈舍设计技术

一、牛场选址

1. 地势

地势应高燥，背风向阳，空气流通，排水良好；地下水位在 2m 以下；具有缓坡的最好北高南低，坡度不超过 25°；山区地势变化较大，平地面积较小，坡度大，可按照生态园概念设计牛场。

2. 地形与面积

开阔整齐，理想的地形是正方形或长方形，不规则地形需要根据功能区划分，合理布局。土地面积根据设计存栏规模确定，一般育肥牛场场区占地面积按每头育肥牛 30 ~ 40m² 计算，繁殖母牛养殖场按每头牛 45 ~ 55m² 计算。不同规模牛场占地面积的调整系数为 10% ~ 20%。

3. 土质

土质坚硬，抗压力和透水性较强，无污染，较理想的土质为沙性土壤。

4. 水源

水源充足，取水方便；水质符合人畜饮用水标准，无污染。

5. 交通、电力

选择场址要考虑交通便利，电力供应充足、可靠，至少保证有一条可供大型货车自由进出的通道，以方便运输干草、精料、秸秆等的车辆通行。为便于防疫，牛场离交通主干道应有适当距离。

6. 周围环境

与村镇、工厂、学校、其他偶蹄动物饲养场的距离符合防护要求；距离牧草基地或农作物种植基地较近，便于采购供应饲草饲料；场周边没有毁灭性家畜传染病，没有超过 85 分贝噪声的工矿企业，没有皮革、造纸、农药、化工等有毒、有污染危害的工厂。

7. 其他

放牧牛场要考虑放牧和收牧时牛只进出方便，牧道不能与公共交通道路混用，防止与铁路、水源交叉。

选择牛场场址，还要充分考虑当地饲料饲草的生产供应情况，以便就近解决饲料饲草的采购问题。尤其是青粗饲料，尽量由当地供应，或由本场计划出饲料地自行种植。

二、牛舍设计

1. 牛舍的朝向

主要考虑日照和通风效果，以牛舍达到最理想的冬暖夏凉效果为目标。通常情况下，牛舍朝向均以南向或南偏东、偏西 45°以内为宜。实践中，要充分考虑当地的地形地势及地方性小气候特点，做到因地制宜。

2. 牛舍的间距

牛舍间距主要考虑日照、通风、防疫、防火和节约占地面积。朝向为南向的牛舍，舍间距保持檐高的 3 倍（6~8m）以上，就可以保证我国绝大部分地区冬至日（一年内太阳高度角最低）上午 9 时至下午 3 时南墙满光照，同时也可基本满足通风、排污、卫生防疫、防火等要求。

3. 牛舍类型

在四川地区，可以选择建造全开放式、单侧封闭的半开放式和全封闭式牛舍。

（1）全开放式牛舍：全开放式是指四周无墙体，仅有钢架或水泥结构作支撑，屋顶结构与常规牛舍相同的牛舍。这种畜舍由于其结构简单、施工方便、造价低廉，应用得越来越广泛。缺点是不能很好地强制吹风和喷水，蚊蝇的防治效果也较差。

（2）半开放式牛舍：这种牛舍在我国部分地区较常见，通过单侧或三侧封闭并加装窗户。夏季开放，能良好通风降温；冬季封闭窗户，可保持舍内温度。

（3）全封闭式牛舍：在我国西北及东北地区应用最为广泛，高原藏区可以参考建造。冬天舍内可以保持在10℃以上，夏天借助开窗自然通风和风扇等物理送风降温。

三、牛舍建造

1. 牛床

牛床具有保温、防滑、坚固耐用、易于清洁消毒、排水等特点。向粪尿沟方向保持1°～1.5°的坡度，以利于尿和污水排出。牛床建设推荐尺寸见表7。

表7　牛床建设推荐尺寸　　　　单位：m

牛舍分类	牛床宽	牛床长	颈轨高	胸板至粪道
能繁母牛舍	1.1～1.2	1.6～1.8	1.0～1.2	1.7～1.8
围产牛舍	1.2～1.25	1.8～2.0	1.0～1.2	1.7～1.8
育成牛舍	1.0～1.1	1.5～1.6	1.0～1.1	1.25～1.45
育肥牛舍	1.1	1.8～1.9	1.0～1.2	1.6～1.8
犊牛舍	0.9	1.2	0.6～0.78	1～1.1

2. 排尿沟

排尿沟一般为弧形或方形底，排尿沟与地下排污管的连接处应设沉淀池，上盖铁箅子。

3. 运动场

运动场设在牛舍的阳面或阴面。运动场面积，成年牛每头 $20 \sim 25 m^2$，育成牛 $10 \sim 15 m^2$，犊牛 $5 \sim 10 m^2$。运动场四周设围栏，包括横栏和栏柱，栏柱高 $1.2 \sim 1.5 m$，栏柱间隔 $1.5 \sim 2 m$，柱脚用水泥包裹。运动场地面以沙土或三合土为宜，四周有一定坡度，便于排水。运动场边设饮水槽，饮水槽可用水泥材料或不锈钢材料。南方运动场内设遮阴篷或植树遮阴。

4. 饲喂通道

饲喂通道位于食槽前，人工饲喂时宽度 $1.5 \sim 2.0 m$，全混合日粮（TMR）饲喂时宽度 $4.0 \sim 5.0 m$（包含饲槽）。饲喂通道地面一般高于牛床 $40 \sim 60 cm$。

5. 饲喂槽

饲喂槽设在牛床的前面，分专用食槽和地面食槽两种。专用食槽上口宽 $60 \sim 65 cm$，底宽 $65 \sim 70 cm$，内缘高 $45 \sim 55 cm$，外缘高 $60 \sim 65 cm$；地面食槽适于机械化操作，食槽设置于饲喂通道一侧，靠近牛床一端，呈弧形，一般槽口宽 $50 \sim 55 cm$，槽底深 $10 \sim 15 cm$，槽底比牛床高 $30 \sim 40 cm$。

6. 围栏

牛场内牛舍、运动场、赶牛走道等多处需要围栏，围栏选用钢管制作，一般直径 $4 \sim 5 cm$，高度 $1.2 \sim 1.5 m$。

7. 降温设施

牛天性怕热、不怕冷。四川高温高湿的气候条件要求做好防暑降温。生产中，有多种防暑降温措施：如提高牛舍檐口高度至 3m 以上，增加通风量；牛舍房顶采用夹心彩钢板，增强隔热效果；牛舍内安装风扇、冷风机；牛舍内安装喷雾设施；牛舍墙壁安装湿帘；平顶牛舍房顶种草等。

8. 饮水设施

（1）拴系式饲养：可用饮水碗，一般每 2 头牛安装 1 个饮水碗，设在相邻卧栏的固定栏柱上，安装高度要高出牛床 60 ~ 65cm。也可以用食槽兼水槽。

（2）散养式：最好设置专用饮水槽，也可用饮水碗，还可以用专用食槽兼水槽。专用饮水槽有水泥结构、不锈钢材料等多种结构和材质，一般宽 40 ~ 60cm，深 40cm，水槽高度不宜超过 70cm，水槽内水深以 15 ~ 20cm 为宜，一个水槽满足 10 ~ 30 头牛的饮水需要。寒冷地区要采取相应措施防止水槽结冰，有条件的牛场可选用恒温水槽。无论哪种饮水槽，都要设出水、进水两个口，以保持水的流动和洁净。

第四章　羊健康养殖技术

第一节　主要品种

一、引进品种

波尔山羊是世界上著名的肉用山羊品种，以体型大、增重快、产肉多、耐粗饲而著称。波尔山羊周岁体重公羊 50 ~ 70kg，母羊 45 ~ 65kg；成年体重公羊 90 ~ 130kg，母羊 60 ~ 90kg。周岁屠宰率达 50%。产羔率 193% ~ 225%。从 1995 年开始，我国先后从德国、南非、澳大利亚和新西兰等国引进波尔山羊数千只，分布在陕西、四川、江苏等 20 多个省、市、自治区。种羊引进后，各地加强饲养管理，采用繁殖新技术，加快了扩繁速度，使其迅速发展。同时，用波尔山羊对当地山羊进行杂交改良，产肉性能明显提高，效果显著。

二、培育品种

1. 南江黄羊

南江黄羊是在海拔 1 000 ~ 1 500m 立体气候明显，各季节间湿差悬殊的山区环境条件下育成的，是我国第一个肉用山羊新品种，具有体格大、生长发育快、四季发情、繁殖率高、泌乳力好、抗病力强、适应能力强、产肉力高、板皮品质好、杂交改良效果好等特性。南江黄羊中心产区位于四川省巴中市南江县。南江黄羊周岁体重公羊 35kg，母羊 28kg；成年体重公羊 60kg，母羊 42kg。母羊常年发情，一般年产两胎，部分两年产三胎，经产母羊产羔率为 200%。周岁羯羊胴体重 15.5kg，屠宰率为 49%。南江黄羊适合放牧、半舍饲和舍饲饲养。南江黄羊自育成以来，已累计向全国 25 个省、市、自治区推广种羊 10 万余只，从杂交效果看，杂种一代周岁羊体重比地方山羊提高 23%～67%，成年羊体重提高 43%～63%，效果明显，经济效益显著。

2. 简州大耳羊

简州大耳羊是在海拔 300～500m 的浅丘亚热带湿润气候环境下育成的，是我国人工培育的第二个肉用山羊新品种。中心产区位于四川省简阳市。简州大耳羊成年体重公羊 70kg，母羊 47kg。初产母羊产羔率 153%，经产母羊产羔率 242%。周岁阉羊屠宰率 50.04%，净肉率 38.46%。自 1998 年以来，简州大耳羊已推广到贵州、云南等 10 多个省（市），累计推广种羊 75 万余只。在不同的生态条件下，不论纯繁或杂交利用效果都非常显著。杂交羊比同龄本地山羊体重提高 11%～46%，屠宰率提高 5%～10%，繁殖率提高 10%～30%。

3. 凉山半细毛羊

凉山半细毛羊属毛肉兼用半细毛羊培育品种，中心产区位于四川省凉山彝族自治州的昭觉县、会东县、金阳县、布拖县、越西县等地。凉山半细毛羊体质结实，结构匀称，体格中等。公、母羊均无角。胸部宽深，背腰平直，体躯呈圆桶状。

四肢坚实，姿势端正，被毛白色同质、光泽强、匀度好，呈大波浪形辫状毛丛结构，头毛着生至两眼连线，前额有小绺毛。腹毛着生良好。成年公羊剪毛后体重83.58kg，剪毛量6.74kg，体侧毛长17.30cm；成年母羊剪毛后体重45.21kg，剪毛量4.25kg，体侧毛长14.40cm；净毛率67.30%。母羊产羔率达105%，核心群母羊产羔率达120.5%。主要以放牧为主，也适合在中、低海拔区放牧半舍饲。

三、地方品种或遗传资源

1. 川中黑山羊

川中黑山羊分为金堂型和乐至型两类，属以产肉为主的大型山羊地方遗传资源，原产于四川省金堂县和乐至县。川中黑山羊周岁体重公羊43kg，母羊35kg；成年公羊体重69kg，母羊48kg。周岁公羊屠宰率49.94%，母羊47.58%；公羊净肉率37.50%，母羊净肉率35.66%。乐至型初产母羊产羔率205%，经产母羊产羔率252%；金堂型初产母羊产羔率189%，经产母羊产羔率245%。川中黑山羊夏季采取舍饲和放牧相结合的饲养方式，冬季进行舍饲。羔羊2～3月龄后，母子分开饲养并进行断奶。断奶后的羔羊按照公母、大小、强弱进行合理分群、分圈饲养。饲料以种植牧草、杂草和农作物秸秆、苗藤、秕壳、稻草等为主。根据羊只体况进行适当补饲。

2. 川南黑山羊

川南黑山羊分为自贡型和江安型两类，属肉皮兼用型山羊地方遗传资源。原产地在四川省富顺县、荣县和江安县，分布于自贡市的沿滩区、大安区、贡井区、自流井区，宜宾市的长宁县、屏山县、南溪区和泸州市的江阳区、纳溪区、合江县等。川南黑山羊周岁体重公羊31.92kg，母羊27.53kg；成年体

重公羊 42.40kg, 母羊 38.22kg。周岁平均屠宰率公羊
46.05%、母羊45.42%。自贡型初产母羊产羔率为185%，经
产母羊产羔率为213%；江安型初产母羊产羔率为138%，经
产母羊产羔率为225%。川南黑山羊性情温驯、易管理，草山
草坡多的低山区以常年放牧为主，广大农区规模养羊场（大
户）以高床圈养为主，饲养量小的农户以拴牧为主。农区主要
采取舍饲，除饲喂青料、粗料外，每只羊每天补饲精饲料
100~150g。

3. 成都麻羊

成都麻羊俗名四川铜羊，属肉皮兼用型山羊地方品种，原
产于四川省的大邑县和成都市双流区，分布于成都的邛崃市、
崇州市、新津县、龙泉驿区、青白江区、都江堰市、彭州市及
阿坝藏族羌族自治州的汶川县。成都麻羊周岁体重公羊29kg，
母羊25kg；成年体重公羊42kg，母羊39kg。周岁公羊屠宰率
45%，成年公羊屠宰率47%。母羊平均年产1.7胎，初产母羊
产羔率142%，经产母羊产羔率240%。成都麻羊较温驯、易
管理，适合丘陵和农区饲养。饲养方式主要为圈养和季节性放
牧。其采食面较广，主要饲草有各种野生杂草、藤蔓、菜叶、
玉米秸和叶、豆科秸秆、树叶及嫩枝等。精饲料以玉米为主。

4. 建昌黑山羊

建昌黑山羊属肉皮兼用型山羊地方品种，原产于四川省凉
山彝族自治州的会理县、会东县、德昌县，分布于州内其他县
（市）及攀枝花市的米易县、盐边县。建昌黑山羊成年公羊体
重31.1kg，母羊28.9kg。周岁羯羊屠宰率45.1%，净肉率
32.9%。建昌黑山羊皮板面积大、厚薄均匀、富于弹性、拉力
好、延长率大，是制革的优质原料。据对207只母羊4胎的产

羔情况统计，平均产羔率 156.04%，初产母羊产羔率 121.43%，经产母羊产羔率 168.87%。羔羊成活率 95%。建昌黑山羊成年羊以放牧饲养为主，部分实行半舍饲和舍饲饲养。羔羊多实行自然哺乳和自然断奶。圈养户多以精饲料加秸秆进行饲养。

5. 美姑山羊

美姑山羊俗称美姑巴普山羊或巴普山羊，属以产肉为主的山羊遗传资源。美姑山羊原产于四川省美姑县的巴普、井叶特西、农作、九口等 15 个乡镇。美姑山羊周岁公羊体重 30.5kg，母羊 27.9kg；成年公羊体重 50.56kg，母羊 41.21kg。美姑山羊周岁公羊屠宰率 51.31%，净肉率 39.75%。美姑山羊平均年产 1.7 胎，初产母羊产羔率 140%，经常母羊产羔率 200%。平均初生重公羔 2kg，母羔 1.9kg。美姑山羊在二半山农户多采取舍饲半舍饲饲养方式，饲草以农作物秸秆、莞根和野草为主；也有在沟谷、林下放养、拴养的，每天补饲精饲料 0.15kg 左右。一般 3~4 月龄出栏销售。海拔 2 600m 左右高山区以放牧为主，户均饲养 5~30 只不等，补饲草料以莞根、甘蓝叶为主。

6. 北川白山羊

北川白山羊属以产肉为主的山羊地方遗传资源，原产于四川省北川县，中心产区在该县的擂鼓、禹里、曲山、陈家坝、漩坪、白坭等乡镇。北川白山羊周岁体重公羊 32kg，母羊 24kg；成年体重公羊 52kg，母羊 40kg。周岁公羊屠宰率为 47%，母羊屠宰率为 46%。北川白山羊年产 1.8 胎，初产母羊产羔率 140%，经产母羊产羔率 210%。北川白山羊饲养方式以放牧为主，补饲为辅。主要给产羔母羊、羔羊、配种公羊和育肥羊补饲，补饲精饲料以玉米为主。随着种草养羊和肉羊集中育肥技术的推广，舍饲圈养农户逐步增加。舍饲的饲草以种植的牧草、农副秸秆和野生牧草为主，并补饲精饲料。

第二节　繁育技术

一、自然交配

自然交配是让公羊和母羊直接交配的方式。这种方式又称本交。由于生产计划和选配的需要，自然交配又划分为自由交配和人工辅助交配。

1. 自由交配

在繁殖季节将公羊和母羊按一定比例同群放牧饲养，一般公母比例为1∶（15~20），最高为1∶30，任公羊随时和发情母羊自然交配。

2. 人工辅助交配

由山羊生产者有目的、有计划地安排公羊、母羊配种，这种方式称之为人工辅助交配。其办法是：平时把公羊、母羊分开饲养，当母羊发情后，便按预先选好的优秀公羊，在人工控制下配种，配种后公羊和母羊仍然分开饲养。这种配种方法公母比例一般以1∶（25~30）为宜，最高不超过1∶50。

二、人工授精

人工授精即用人工器械将公羊的精液采出，经过稀释处理，再用器械把精液输入发情母羊子宫内，使母羊受孕的配种方法。主要包括以下步骤：

1. 采精

假阴道采精前，内胎和外胎之间加入50~55℃的热水，占其空间的 1/2 ~ 1/3，内胎表面应用消毒过的玻璃棒均匀地涂上凡士林等润滑剂，再从活塞孔吹入适量的空气，使假阴道口的一端内胎呈三角形，假阴道温度应保持在 40 ~ 42℃。采精时，选择健康的母羊做台羊，操作人员右手拿假阴道，使假阴道与地面呈 35°~40°，公羊爬跨母羊伸出阴茎时，左手轻托包皮，将阴茎导入假阴道内，射精后迅速将集精瓶的一端向下倒立，送往精液处理室，准备作精液检查。

2. 精液品质检查

采出的精液要用肉眼、嗅觉和显微镜检查。公羊的每次射精量为 0.5 ~ 2.0ml，正常精液为乳酸色、无味或略带腥味，凡是带有腐败味，呈红色、褐色、绿色的精液，不能用于输精。用 300 ~ 600 倍光学显微镜检查精子的密度和活力，密度为中（精子间孔隙为 1 ~ 2 个精子的长度）、活力在 0.6 以上的精液才能做输精用。

3. 精液的稀释、运输和保存

采精后用葡萄糖 3g、卵黄 20ml、柠檬酸 1.4g 和蒸馏水 100ml 配制而成的稀释液进行 1 ~ 3 倍的稀释，稀释液应现配现用。低温保存液状精液，利用广口保温瓶运送，把精液盛入双层集精瓶或小试管内，封好盖子放入广口保温瓶后，用棉花充塞固定，使温度保持在 0 ~ 5℃，即可运输。精液的保存可采用低温法（2 ~ 4℃）。山羊的精液保持时间较短，应尽早使用。

4. 输精

根据母羊的排卵规律，通常采用两次输精，如早晨发情，下午进行第一次输精，第二天再输精一次。输精时，应首先把发情母羊固定到输精架上，用温水把母羊外阴部擦洗干净，用

消毒过的开腔器打开阴道，将输精管插入子宫颈深部，慢慢地
输入精液，每次输入做直线前进运动的精子要在 7 500 万个
以上。

三、同期发情

同期发情就是应用技术手段使整个羊群在同一时期内集中
发情、集中配种、集中产羔的繁殖技术，这种方式可以大大提
高劳动生产率，便于组织管理。同期发情技术有两条途径：一
是对母羊群同时使用孕激素，控制卵泡的生长发育，达到同期
发情；二是使用与前者功效相反的合成激素，抑制黄体，加速
黄体退化，使之发情同时到来，达到同期发情。同期发情使用
的常用药物有孕激素类药物、前列腺素以及三合激素。为提高
受胎率，根据具体情况还可结合使用促性腺激素释放激素。

1. 肌肉注射

应用国产三合激素制剂，给母羊一次性肌肉注射 0.5 ~
1ml，用药后 2 ~4d 内有 90% 的母羊发情。一般在调整母羊发
情期后，因其受胎率较低，第一个情期不宜配种，应在第二个
情期配种。

2. 口服孕激素

每日将定量的孕激素药拌在饲料中供母羊采食服用，持续
12 ~14d，每日每头羊用药量为孕酮 15 ~30mg 或甲地孕酮 8 ~
15mg 或氟孕酮 3 ~6mg，这种方法应保证饲料混合均匀，并要
求每头羊的采食量相对一致。最后一天口服停药后，随即肌肉
注射孕马血清（PMSG）400 ~750IU，并在 24h 内用公羊试情
配种。

3. 皮下埋植法

一般丸剂可直接用于皮下埋植，或将一定量的孕激素制剂

装入管壁有小孔的塑料细管中，用专门的埋植器将药刃或药管埋在羊耳背皮下，经过 15d 左右取出药物，同时肌肉注射孕马血清（PMSG）500 ~ 800IU，并在 24h 内用公羊式情配种。

4. 阴道栓塞法

将乳剂或其他剂型的孕激素按剂量制成悬浮液，用泡沫海绵浸取一定药液或在表面敷硅胶，制成孕激素阴道栓，用尼龙绳把阴道拴连起来，塞进阴道深处子宫颈外口，将尼龙细绳一端留在阴户外，以便停药时拉出栓塞物。处理 15d 左右取出栓塞物，肌肉注射孕马血清 400 ~ 750IU，同时肌肉注射孕马血清（PMSG）500 ~ 800IU，并在 24h 内用公羊试情配种。

5. 前列腺素类药物处理法

用前列腺素或类似药物直接注入子母羊宫颈或肌肉注射，注入子宫颈的用量为 3 ~ 5mg，肌肉注射的用量为 0.5mg，并在 2 ~ 3d 内用公羊试情配种。

四、提高肉羊繁殖力的途径

影响肉羊繁殖能力的因素不是单一存在的，有品种、营养、气候、年龄、配种技术等因素。要提高繁殖能力，主要方法有以下几种。

1. 利用多胎羊品种

羊的繁殖力是有遗传性的。选择种公羊一般通过其母亲的繁殖成绩和后裔测定来进行选择。选择母羊主要看其母亲的繁殖成绩。一般母羊若在第一胎时生产双羔，则在以后胎次的生产中，产双羔的重复力较高。许多实验研究表明，为了提高产羔率，选择具有较高生产双羔潜力的公羊进行配种，比选择母羊在遗传上更为有效。另外，引入具有多胎种羊的基因，也可以有效地提高羊只的繁殖力。因此，从羊只自身的遗传特性来提高繁殖率具有十分重要的意义。

2. 实行密集产羔

在气候和饲养管理条件较好的地区，或者有条件的适度规模养殖场，可以实行密集产羔，也就是使母羊两年三产或三年五产。为了保证密集产羔的顺利进行，必须主要以下几点：一是必须选择健康结实、营养良好的母羊，年龄以 2 ~ 5 岁为宜，而且其乳房发育必须良好，泌乳量要求较高；二是要加强对母羊及其羔羊的饲养管理，母羊在产前和产后必须有较好的补饲条件；三是要从当地具体条件和有利于母羊的健康及羔羊的发育出发，恰当而有效地安排好羔羊的早期断奶和母羊的配种时间。

3. 有计划地控制配种季节

炎热的夏季，公羊性欲减弱，精液品质下降，所生后代体质差；严寒冬季，母羊体况不良，不易发情或发情受胎率低，羔羊品质差；此外，山羊是草食家畜，饲草是山羊生长发育的物质基础，特别是新鲜的优质牧草，对山羊尤为重要。因此，山羊繁殖季节应选择气候较好，牧草充足或有较多农副产物的春秋季节，一般春配在 4 ~ 5 月，产羔在 9 ~ 10 月；秋配在 10 ~ 11 月，产羔在第二年的 3 ~ 4 月。应注意的是，一个配种季节应集中在较短的 1 ~ 2 个月内完成，时间不要拖得过长，这样产羔比较集中，有利于羔羊集中管理。

4. 保持羊群中繁殖母羊的适宜比例

羊群结构主要是指羊群中的性别结构和年龄结构。从性别方面讲，羊群中母羊的比例越高越好；从年龄方面讲，老龄母羊繁殖力逐渐下降，应当有计划地淘汰老弱病羊和不孕母羊，不断补充适龄母羊，努力提高壮年母羊的比例和质量，保持羊群中年龄由小到大的个体比例逐渐减少，形成有一定梯度的"金字塔"结构，从而使羊群始终处于一种动态的、后备生命力异常旺盛的状态。养羊业发达国家，育种群的适繁母羊比例在 70% 以上，我国广大农牧区则多在 50% 左右，从而限制了羊群的繁殖速度。因此，提高现有羊群中的适龄繁殖母羊比例还有很大潜力，也即完全有可能提高养羊生产中母羊群的产羔水平。肉羊适宜繁殖的年龄为：公羊 1.5 ~ 5 岁，母羊 1.5 ~ 6 岁。

5. 加强营养物质的供给

羊的繁殖力不仅要从遗传角度提高，更应该注意外部环境对繁殖力的影响。这主要涉及养羊生产者的饲养管理水平。营养好，母羊体况就好能提早发情，多排卵；种公羊因营养好而体格健壮，配种能力强，精液品质好，可提高受胎率。种公羊在配种季节与非配种季节均应给予全价的日粮。对公羊而言，良好的种用体况是基本的饲养要求。公羊良好种用体况的标志应该是：性欲旺盛，接触母羊时有强烈的交配欲；体力充沛，喜欢与同群或异群羊只挑逗打闹；行动灵活，反应敏捷；射精量大，精液品质好。对营养中、下等和瘦弱的母羊要在配种前一个月给予必要的补饲。在养羊生产中，至少应做到在妊娠后期及哺乳期对母羊进行良好的饲养管理，以提高羊群的繁殖力。

6. 运用繁殖新技术

繁殖新技术如羊人工授精技术、同期发情技术、超数排卵和胚胎移植技术等，是有效提高山羊繁殖力的重要措施之一。

另外，生殖免疫技术目前在养羊生产中也得到了广泛的应用。免疫是生物识别和清除"异己"的机制，从而使机体内外环境保持平衡的生理功能。生殖免疫主要有公畜的精子和精液抗原性及母畜的妊娠免疫、母畜自身免疫、激素免疫等。利用激素做抗原，给母羊主动免疫，使之产生对该激素的抗体，称为激素免疫。这可用于中和母羊体内的同一激素，从而改变下丘脑——垂体——卵巢轴系的正常反馈调节，可增加促卵泡素（FSH）和促黄体素（LH）的释放量，提高发育卵泡数和排卵率，使产羔增多，以达到人为调节的目的。

第三节　饲养管理技术

一、种公羊饲养管理技术

1. 种公羊的饲养特点

营养全面，长期稳定，保持既不过肥也不过瘦的种用体况。在配种前 1.5~2 个月就要增加营养物质的供应量。

2. 饲养种公羊的注意事项

一是在配种期提高营养水平，每天补喂混合精料 0.5~1.0kg，同时补喂青干草、胡萝卜、南瓜等饲料，每天补充鸡蛋 1~2 个。二是给予种公羊适当的运动，提高精子的活力。一般每天放牧运动 6~8h，如果运动不足，会产生食欲不振，消化能力差，影响精子活力。三是合理掌握配种次数，每天采精 2~3 次，连续采精 3d，休息 1d。四是与母羊分开饲养，并做好修蹄、圈舍消毒及环境卫生等工作。后备种公羊要加强培育工作，并与母羊分开饲养。在日常管理中给予公羊充足的运动，保持健壮体况。

二、繁殖母羊饲养管理技术

繁殖母羊要求常年保持良好的饲养管理条件，以完成配种、妊娠、哺乳和提高生产性能等任务。繁殖母羊的饲养管理可分为空怀期、妊娠期和哺乳期三个阶段。

1．空怀期

空怀期的主要任务是恢复体况，配种前 2 个月应开始补饲，放牧饲养的每天应补饲 200g 混合精料，舍饲饲养的应在常规营养的基础上增加 100g 混合精料，并补充足量的优质饲草，使母羊体况恢复到中等以上，为配种做好准备。

2．怀孕期（妊娠期）

怀孕的前 3 个月为怀孕前期。此期的饲养任务是维持母羊处于配种时的体况，怀孕前期母羊对于粗饲料的消化能力较强，可以用优质秸秆部分地代替干草来饲喂。舍饲条件下，应按羊只体重大小，调整粗饲料和精饲料的喂量，适当增加粗饲料的饲喂量。

怀孕的后 2 个月为怀孕后期。此期须加强营养，根据当地草料条件尽可能抓好补饲，除了补饲干草等粗饲料外，有条件的还要适量补饲精料和矿质元素；应喂给体积较小、营养价值更高的饲料；严禁饲喂发霉变质的饲草饲料；不饮冰冻水。母羊临产前 1 周左右，放牧羊不得远牧，但也不可把临近分娩的母羊整天关在羊舍内，放牧时做到慢赶、不打、不惊吓、不跳沟、不走冰滑地和出入羊圈不得拥挤；舍饲羊此时应转到产羔舍，提供足够的空间，保持适当的运动量。对于可能产双羔的母羊及初产母羊要更加注重管护饲养。

3．哺乳期

在哺乳初期，母羊刚生下小羊后身体虚弱，而母乳是羔羊重要的营养物质，应按母羊膘情及产羔数量，保证母羊全价饲养，并增加青绿多汁的饲料，适当提高粗脂肪与粗蛋白的摄入量，以提高产乳量。一般来说，在放牧基础上，每天每只羊补喂多汁饲料2kg、干草0.5～1kg、混合精料0.3～0.5kg。

三、青年羊饲养管理技术

羔羊断奶后至10月龄间，生长发育速度很快，营养物质需要较多，应根据品种类别、性别等单独组群，给予精细的饲养管理，放牧羊应安排较好的草场，并适当补充精饲料；舍饲羊应给予充足的优质饲草料，以锻炼青年羊的咀嚼能力和瘤胃消化能力，同时应补充足量的矿质元素。

四、羔羊饲养管理技术

1．初乳期（初生7d内）

初乳中含有丰富的蛋白质（17%～23%）、脂肪（9%～16%）等营养物质和抗体，具有营养、抗病和轻泻作用。羔羊初生后应及时吃到初乳，对增强体质、抵抗疾病和排出胎粪具有很重要的作用。因此，应让初生羔羊尽量早吃、多吃初乳，吃得越早，吃得越多，增重越快，体质越强，发病少，成活率高。

2．常乳期（8～60d）

这一阶段，是羔羊体重增长最快的时期，奶是羔羊的主要食物，应辅以少量草料。同时，羔羊应早开食，尽早训练吃草料，以促进前胃发育，增加营养来源。一般从10日龄后开始给草，开始要喂幼嫩青草，让小羊自由采食。出生后20d开始训练吃料，可在饲槽里放些用开水烫后的半湿料，引导小羊

啃食。

3. 奶、草过渡期（2 月龄到断奶）

2 个月龄以后的羔羊逐渐以采食为主，哺乳为辅。日粮中可消化蛋白质以 16% ~ 18% 为宜，并补充足量的优质饲草饲料，放牧羊也应补充适量精饲料。此时的羔羊应与母羊分开放牧或饲养，有利于增重、抓膘和预防寄生虫病，断奶的羔羊在转群或出售前要全部驱虫。

第四节　圈舍设计技术

一、羊场选址

羊适于在干燥、通风的条件下生活。因此，场址应选宽阔高燥、平坦、背风向阳、交通与电力便利、周围饲料和饮水充足的地势，土质应选沙质土壤，地下水位在 2m 以下。场址位置应选在靠近居民点常年主导风向的下风向处或侧风向处，距离居民点、公路、铁路等主要交通干线 1 000m 以上，距离其他畜牧场、畜产品加工厂、大型工厂等 3 000m 以上。应符合《畜牧法》的要求。

二、羊场布局

羊场应根据其生活习惯、生产工艺流程及防疫卫生规定进行布局，场内实行分区布置。羊舍独立成为一个区域，与其他区有分隔措施；饲料区布置饲草堆场、加工房、精饲料仓库和氨化池、青贮池；防疫区设隔离羊舍；办公区布置兽医室、值班室、办公室、食堂等。羊舍包括种公羊舍、繁殖母羊舍、后备（育成）公羊舍、后备（育成）母羊舍、羔羊舍等各类羊舍；配套设施齐备，包括消毒道、精料房、草料库房、青贮

窖、人工草场、药浴池、兽医诊疗室等。羊场的总体布局平面
示意图见图 3。

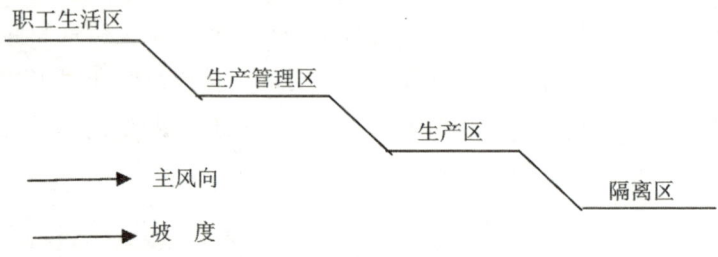

图 3 羊场各区域依风向、坡度配置示意图

三、羊圈舍设计及参数

1. 羊舍建筑

要求坚固、耐用、抗震、通风透光、清洁干燥、冬暖夏
凉。羊舍可选择单列式或双列式、单坡或钟楼式建筑，可用砖
混结构或轻钢结构，周围设隔离带。羊舍跨度 6 ~ 6.5m，羊舍
高度 3m，羊舍过道 2m。

2. 羊舍面积

公羊（单饲） 4 ~ 6m^2/只，公羊（群饲） 2 ~ 2.5m^2/只，
母羊 1.5 ~ 2m^2/只，青年羊 1.0m^2/只，育肥羊 0.8 ~ 1m^2/只，
断奶羔羊 0.5m^2/只，产羔母羊 2 ~ 3m^2/只。

3. 羊床

床面采用漏缝地板，木质材料，缝宽 1 ~ 1.5cm，木条宽
3 ~ 5cm，木条厚 3cm，木条排列方向应与饲槽平行，羊床离地
面 30 ~ 50cm。床内过道地面应做 25° ~ 30°的坡度处理，表面
应光滑易于排水、排粪，采用混凝土、三合土等材料，底端应

设有排污沟。

4. 饲槽

饲槽主要用于补饲或舍饲饲养用，设在羊床以上靠过道一侧，由砖、土坯和混凝土砌成。槽体高25cm，槽内径20cm，深15cm，槽壁应用水泥砂浆抹光。

5. 隔栏

隔栏宜采用钢筋结构，隔栏高1.5m，隔栏钢筋纵向间隔20~25cm，横向间隔15cm。

6. 运动场

羊舍应对应配建运动场，运动场设在羊舍两侧，面积为舍内羊床面积的1.3~2.5倍，各运动场间及外周用砖墙结构隔离，隔栏高1.5m。地面应做2°~5°的坡度设计，并设置排水沟。

四、羊场主要设施设备

1. 饲槽和饲草架

饲槽和饲草架主要是用来饲喂精料、青贮饲料、青草和青干草等。根据建造方式和用途，一般可以分为固定式、移动式和悬挂式饲槽，固定式、移动式饲草架，以及草料结合饲喂的饲槽架。

固定式饲槽一般设置在羊舍内，用水泥砌成，结实耐用。

移动式饲槽用木板或铁皮做成，制作简单，便于搬运，一般长1.5~2m。移动式饲槽也可用于羔羊饲槽，放于羊舍内或运动场内，作为羔羊补饲之用。

饲草架的形式多样，有"V"形草架，有靠墙设置的草架。一般木制或竹制草架成本低，容易移动，在放牧或半放牧饲养条件下实用。利用草架喂羊，可避免践踏饲草，减少浪费。

2. 药浴设施

药浴设施指建造一个药浴池，定期给羊群进行药浴，目的是防治疥癣等体外寄生虫病的发生，多在夏、秋季节使用。药浴池一般为长方形，池深1m，长10~15m，上口宽60~80cm，底宽40~60cm，以一只羊能通过而不能转身为度。入口处设漏斗形围栏，入口坡较陡，羊群依次滑入池中洗浴。出口处为缓坡，以利于羊浴后攀登，并设滴流台，使药浴后羊只身上多余的药液流回药浴池内。羊群较小时，可以用小型的药浴槽、药浴缸等代替。药浴池示意图见图4。

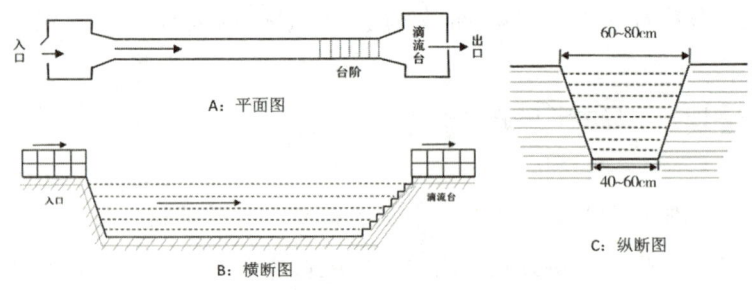

图4 药浴池示意图

3. 青贮设施

为制作和保存青贮饲料，应在羊舍附近修建青贮设施，主要的青贮设施有青贮池（窖）和青贮袋。

（1）青贮窖：按照窖的形状，可分为圆形窖和长方形窖2种。按照窖的位置，可分为地上式、半地下式和地下式3种。青贮窖应选择地势高、干燥、地下水位低、土质坚实、离羊舍近的地方，窖底、窖壁应用砖、水泥砌成。窖壁光滑、坚实、不透水、上下垂直，窖底呈锅底状。青贮窖大小、多少可以根据羊只数量和青贮制作量而定。青贮窖的优点是造价较低，便于机械化作业。青贮窖可大可小，能适应不同生产规模。其缺点是贮存损失较大。

（2）青贮袋：利用塑料袋形成密闭的环境，进行饲料青贮。袋贮的优点是方法简单，贮存操作灵活，不受气候和场地限制，袋的大小可根据需要调节，饲喂方便，浪费损失少，运输方便。为防止穿孔，宜选用厚度 0.2mm 以上的塑料袋，可用两层。塑料袋可放在舍内保存，在保存过程中，应注意严防鼠害。

4. 通风设备

封闭式羊舍通常采用机械通风，用机械驱动空气产生气流。一般为负压通风，用风机把舍内的污浊空气往外抽，舍内气压低于舍外，舍外空气由进气口入舍。风机装置安装在侧壁或屋顶。羊舍通风不建议采用吊扇压风，压风搅动下层氨气和水分，加速氨气散发和水分蒸发，增加了羊舍的氨气浓度和湿度，不利于羊只生长。

5. 饲草料加工设备

规模化羊场的饲草料用量很大，一般要配备必要的饲草料加工设备，包括饲料粉碎机、饲草切碎机、饲草揉搓机、饲料混合机、割草机等。

饲料粉碎机主要是用于粉碎各种饲料和各种粗饲料，饲料粉碎的目的是增加饲料表面积和调整颗粒度，增加表面积提高了适口性，且在消化道内易于消化液接触，有利于提高消化率。调整颗粒度一方面减少了羊咀嚼耗用的能力，另一方面使贮存运输、混合、制粒更方便，饲料质量更好。常用的饲料粉碎机有锤片式粉碎机和爪式粉碎机两种。

饲草切碎机主要用来切断茎秆类饲草，如谷草、干草、各种青饲料及农作物秸秆等。饲草切碎机按机型种类可以分为大型、中型和小型。小型饲草切碎机常称为铡草机，农村应用很广泛，主要用来铡切稻草、秸秆等；大型饲草切碎机常用于大型规模化养殖场，主要用于切碎青贮料；中型饲草切碎机一般可以作为铡草和铡切青贮料两用。养羊场选用时，要求切割长度能在 3～10cm 范围内调节，切割各种作物茎秆、牧草、青饲料，压碎粗硬秸秆，切茬平整。喂料、出料机械化，运转符合均匀，能量消耗小。

TMR 饲料混合机是新一代养羊场饲养设备，能将各种干草、农作物秸秆、青贮饲料等纤维饲料和精饲料直接混合饲喂。可直接用拖拉机牵引、边移动边混合，直接在羊场内给料饲喂，节省时间和劳动力。TMR 饲料混合机带有自动称重装置，添加量随时设定。充分利用各种饲草料和农作物秸秆，不破坏纤维质成分，使饲料的能量效率最大化。饲料混合均匀度高，能量摄取均衡，提高了生产效率。TMR 混合机适合大中型规模化养殖场使用。

6. 其他设备

标准化养殖场的其他羊只设备主要包括日常消毒设备、兽医诊断设备、剪毛设备、人工授精设备、粪污处理设备等。

第五章　兔健康养殖技术

第一节　主要品种

一、新西兰白兔

新西兰白兔是世界最著名、应用范围最广泛的中型肉用兔种和实验用兔，原产于美国，是新西兰红兔与美国巨型白兔、安哥拉兔等杂交，经杂交培育而成的。因具有早期生长快、产肉性能好、药敏性强等特点而成为世界上最主要的肉用兔品种和国际公认的三大实验用兔之一。在我国各地广为饲养。

新西兰白兔全身被毛为纯白色，头较粗短，眼为红色。耳较宽厚，短而自立。颌下有肉髯但不发达。肩宽、腰、肋和后躯肌肉丰满，四肢强壮有力。成年兔体重 3.5 ~ 4.8kg，体长 48 ~ 50cm，胸围 35 ~ 38cm。新西兰白兔早期生长快，其肉质细嫩闻名于世。该品种 30 ~ 90 日龄，日增重 28 ~ 32g，半净膛屠宰率52% ~ 55%，全净膛屠宰率51% ~ 53%，肌纤维低于日本大耳白兔、比利时兔等引入品种。

新西兰白兔耐粗性较差，对营养和饲养管理条件要求较高。新西兰白兔在较好的饲养管理条件下，4 ~ 5 月龄性成熟，

5.5~6.5月龄适宜初配，母兔妊娠期29~32d，平均窝产仔数6~8只，年繁殖5~7胎，初生窝重420~460g，30日龄断奶个体重500~730g，断奶成活率90%左右。

二、加利福尼亚兔

加利福尼亚兔属引进品种，俗称八点黑，是世界现代著名的肉用兔品种之一。在商品生产中常作为杂交母本，原产于美国加利福尼亚州，是采用喜马拉雅兔和标准型青紫蓝兔杂交，在与新西兰母兔杂交选育而成的中型肉用品种。我国各地均有饲养。

加利福尼亚兔体躯中等，身体浑圆、匀称。头部稍小，眼睛红色，两耳自立。颈粗短，胸部、肩部和后躯发育良好，背腰平直，肌肉丰满，四肢强健，具有理想肉兔轮廓。被毛除两耳、鼻端、四爪及尾部呈黑色外，其余部分呈白色，故而俗称"八点黑"。其黑色的浓淡随季节、光照、年龄的改变而有所变化，一般冬季色深、夏季色淡，仔兔色淡、成年兔色深。八点黑的颜色状态在不同引入地区的群体或同一群体的不同个体之间亦存在一定差异。按欧美标准，成年兔体重3.0~5.0kg，一般为4.0kg，最大不超过5.0kg。据2007年江苏省加利福尼亚兔资源调查报告，成年兔体重一般在4.0kg左右，部分可达4.5kg，母兔略高于公兔，体长44~50cm，胸围35~38cm。加利福尼亚兔产肉性能优良，主要表现为早熟易肥、肉质细嫩、屠宰率高。该品种90日龄重1.8~2.5kg，日增重25~30g，半净膛屠宰率56%，全净膛屠宰率52%以上，净肉率高于日本大耳白兔、比利时兔等引入品种。

加利福尼亚兔繁殖性能好，泌乳力强，母性好，仔兔成活率高，具有"保姆兔"的美誉。在较好的饲养管理条件下，4～5月龄性成熟，5.5～6.5月龄适宜初配，母兔妊娠期29～32d，平均窝产仔数6～8只，年繁殖5～7胎。窝产活仔数5～9只，30日龄断奶成活率93.8%。母兔平均30d总泌乳量4 816～4 991g，高于同期测定的引入品种德国花巨兔、丹麦白兔、比利时兔、日本大耳白兔和新西兰白兔。

三、齐卡配套系

齐卡配套系培育于德国，是由德国齐卡（ZIKA）种兔公司培育而成肉兔配套系。该配套系有3个白色品系，其中大型品系为德国巨型白兔（配套系中的G系），中型品种为德国大型新西兰兔（配套系中的N系），小型品种为德国合成白兔（配套系中的Z系）。1986年，由四川省畜牧科学研究院从德国引进。

（1）G系（德国巨型白兔）：为祖代父系。全身被毛纯白，头粗重，眼睛红色，两耳大而直立，体躯大而丰满。成年体重6～7kg，仔兔初生重70～80g，35日龄断奶重1.0～1.2kg，90日龄体重2.7～3.4kg，日增重35～40g，料肉比3.2∶1。在相同的饲养管理条件下，其增重速度比哈白兔和比利时兔都高。耐粗饲，适应性好。但繁殖力较低，年产3～4胎，胎产仔6～10只，性成熟较晚，夏季不孕期较长。

（2）N系（德国大型新西兰兔）：为祖代父系和祖代母系。全身被毛纯白，头粗重，眼红色，体躯丰满，四肢肌肉发达。肉用特征明显。成年体重4.5～5.0kg。早期生长速度快，料肉比 3.2：1，90 日龄 2.8 ~ 3.0kg，年育成仔兔 50 只。该兔要求饲料及管理条件较高。

（3）Z 系（德国合成白兔）：为祖代母系。全身被毛纯白，头清秀，眼红色，耳薄而直立，体躯长而清秀。成年体重 3.5 ~ 4.0kg，90 日龄体重 2.1 ~ 2.5kg，适应性好，耐粗饲。其最大优点是母兔繁殖性能高，年育成仔兔 60 只，平均年胎产仔兔 8 ~ 10 只，幼兔的成活率高。

G、N、Z 三系配套生产商品肉兔，德国商品肉兔标准为胎产仔数 8.2 只，年产商品活仔兔 60 只。28d 断奶重 650g，56d 体重 2.0kg，84d 体重 3.0kg，日增重 40g，料肉比 2.8：1。据四川省畜牧科学研究院在开放式自然条件下测定，商品兔 90 日龄重 2.4kg，日增重 32g 以上，料肉比 3.3：1。齐卡配套系制种模式见图 5。

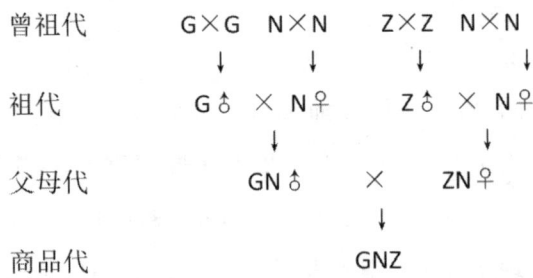

图 5　齐卡配套系制种模式

四、伊拉配套系

伊拉配套系培育于法国，是由法国莫克公司在 20 世纪 70 年代末培育成功。该配套系由 9 个原始品种经不同杂交组合选育，筛选出的 A、B、C、D 4 个专门化品系组成。2000 年由山东省安丘市绿洲兔业有限公司引入四系配套伊拉肉兔曾祖代种兔。具有遗传性能稳定，生长速度快，饲料转化率高，屠宰率高，繁殖性能强，产仔效率高等特点。

（1）A 系：祖代父系。全身被毛除鼻端、耳、四肢末端及尾部呈黑色，其余部分被毛呈白色。成年公兔体重 5kg，母兔 4.7kg。受胎率 76%，平均胎产仔数 8.38 只，断奶成活率 89.69%，日增重 50g，料肉比 3：1。

（2）B 系：祖代母系。全身被毛除鼻端、耳、四肢末端及尾部呈黑色，其余部分被毛呈白色。成年公兔体重 4.9kg，母兔 4.6kg。受胎率 80%，平均胎产仔数 9.05 只，断奶成活率 89.04%，日增重 50g，料肉比 2.8：1。

（3）C 系：祖代父系。全身被毛呈白色。成年公兔体重 4.5kg，母兔 4.3kg。受胎率 87%，平均胎产仔数 8.99 只，断奶成活率 88.07%。

（4）D 系：祖代母系。全身被毛呈白色。成年公兔体重 4.6kg，母兔 4.5kg。受胎率 81%，平均胎产仔数 9.33 只，断奶成活率 91.92%。

（5）AB 系：父母代父系。成年公兔体重 5.4kg。

（6）CD 系：父母代母系。成年母兔体重 4.0kg。

商品肉兔外貌呈八点黑特征，出肉率高，平均可达 59%，28 日龄断奶重 680g，70 日龄重 2.47kg，日增重 43g，料肉比（2.7~2.9）：1，屠宰率 58%~59%。伊拉配套系制种模式见图 6。

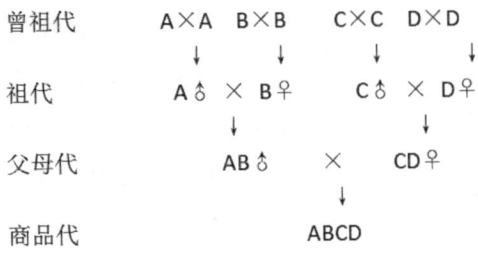

图6 伊拉配套系制种模式

第二节 繁育技术

一、自然配种技术

自然配种俗称本交，是指公兔与母兔直接交配。自然配种分为自由交配和人工辅助交配。

1. 自由交配

自由交配是指将公兔与母兔按照一定的比例混养，在母兔发情期间，任凭公、母兔自由交配。自由交配的优点是，方法简单，配种及时，节省人力，可减少母兔漏配。但自由交配也存在许多缺点，如容易发生早配、早孕，导致公兔、母兔的体况下降，同时出生仔兔的生产性能不佳；无法进行有计划的选种选配，同时不能区分后代血缘关系，容易造成近亲交配，极易造成优良品种退化；无法控制公兔交配次数，可能缩短公兔利用年限，不能充分发挥优良种公兔的作用；不能确切记录配种日期，无法估计预产期，容易造成流产；容易传播疾病。由于以上缺点，自由交配不适合规模化肉兔生产需要。

2. 人工辅助交配

（1）人工辅助配种方法：配种时将发情的母兔放入公兔笼

中，母兔静卧、举尾配合公兔交配，公兔阴茎进入母兔阴道后，公兔后躯蜷缩迅速射精，发出"咕咕"叫声，随即从母兔身上滑倒，公兔爬起，频频顿足，交配完成。此时，将母兔从兔笼中取出，把母兔臀部提高，轻轻拍击其臀部，使其后躯紧张，阴道收缩将精液吸入，防止精液倒流。将母兔放回原笼中，及时做好配种记录，记录配种日期及与配公兔品种、耳号等信息。

（2）人工辅助交配注意事项

①准确掌握发情状况，做到适时配种，一般在母兔外阴部"大红"时配种。

②控制配种频率，注意合理使用公兔，配种性能好的公兔1d内可配1~2次，连用2d，要休息1d。

③合理安排配种时间，根据季节、天气状况等安排具体配种时间，夏季将配种时间安排在凉爽的早上或者傍晚，冬季将配种时间安排在气温暖和的中午，确保公母兔顺利交配。

④配种时不能将公兔放入母兔笼中，因为环境的改变容易影响公兔性欲。

⑤没有达到体成熟的母兔或年龄过大（3岁以上）的母兔、有血缘关系以及患有疾病等情况不能交配。

⑥在配种过程中，有时母兔对公兔具有强烈的选择性，发情的母兔在公兔笼中奔跑，逃避公兔，拒绝交配。此时，可调换其他公兔或者对母兔采取强制辅助配种。具体方法是：用一条细绳拴住母兔的尾巴，一手抓住母兔的双耳和颈皮将其保定，并拽住细绳，使母兔尾巴贴在背部，露出阴门，另一只手

伸到母兔腹部下面，托起母兔臀部，配合公兔爬跨交配。

二、人工授精技术

人工授精技术是指用人工采集公兔精液，对精液进行品质检测、稀释处理后，借助兔专用输精枪将精液输入母兔生殖道内，使其受孕的一种配种技术。其分为两个关键技术环节：一是同期发情技术，二是人工输精技术。

1．同期发情技术

目前，肉兔生产中主要通过注射外源激素或者光照刺激两种方式调控母兔的同期发情。

（1）激素同期发情技术：在配种前 48h，给母兔皮下或肌肉注射孕马血清促性腺激素（PMSG），每只母兔注射 25～30IU。

（2）光照同期发情技术：在母兔配种前 7d 到配种后 11d 每天的光照时间为 16h（早上 6 点到晚上 10 点），其余时间每天的光照时间为 12h，光照强度大于 60 勒克斯。

2．人工输精技术

（1）精液的采集：选择母兔作为台兔，将母兔放入公兔笼中，让公兔追逐母兔，待公兔准备爬跨母兔时，采精人员左手抓住母兔双耳和颈部皮肤保定母兔，右手握住采精器置于母兔两后肢间，举起母兔后躯，迎合公兔爬跨；公兔爬跨后，调整采精器位置、角度，引导公兔阴茎插入采精器内；当公兔插入温度、压力适宜的采精器内时，即进行交配动作，随后向前一挺，后躯蜷缩完成射精；此时，应及时将采精器口向上举起，使精液流入集精瓶中，然后取下集精瓶，做好标记，送实验室保存待测。

（2）精液品质检查与稀释：对采集的精液进行品质检查，主要检查以下指标：一是采精量采精，正常精液量0.2~2.0ml；二是颜色与气味，颜色为乳白色或白色，浓浊而不透明，无味或略带腥味；三是pH值，以pH计或pH试纸测量，正常范围为6.6~7.6；四是精子活力，精子活力要求不低于0.6。检查活力时，载玻片和盖玻片宜在38℃恒温板预热；五是精子密度，密度不低于1.5亿/ml；六是精子畸形率，不超过15%。

经过检查合格的精液，进行稀释，稀释液可以购买商品精液稀释液，也可以自行配制稀释液。根据原精精子密度计算应稀释倍数，确保稀释后每毫升精液含有效精子5 000万个以上。将原精与稀释液同时置于30℃左右的水浴锅或恒温箱中，待原精与稀释液同温时，将稀释液沿精液瓶（杯）壁缓慢加入精液中，混合均匀。稀释后的精液质量要达到精液含有效精子数≥5 000万个/ml、精子活力≥0.6和畸形精子率≤15%的要求，达标精液才可以输精使用。

（3）输精方法：输精时将母兔放在操作台上或平地上。操作时两人合作，一人辅助输精人员保定母兔，一人输精。输精人员左手抓住兔尾，将母兔后肢提起离地；右手持输精枪，将输精枪口向上倾斜，枪口沿母兔阴道壁背侧插入，避免插入母兔膀胱中（母兔膀胱开口于阴道内5~6cm深腹壁处，且尿道开口较大，输精枪容易误插入其中）；输精枪插入阴道7~8cm深，越过尿道口后，将精液注入两子宫颈口处，任精子自由游入两个子宫内；将输精枪拔出，轻拍母兔臀部，刺激母兔后躯紧张，阴道收缩将精液吸入，防止精液倒流；将母兔送回笼中，输精完成。输精操作完成后，每只母兔立即肌肉注射促排3号0.8微克。

三、现代化繁殖模式

1. 42d 繁殖模式

42d 繁殖模式是指采用人工授精技术进行繁殖配种，并且母兔2次配种的时间间隔为42d（即在产后第11d进行配种繁殖，进入下一个繁殖周期）的频密繁殖模式。42d 繁殖模式流程图见图7。

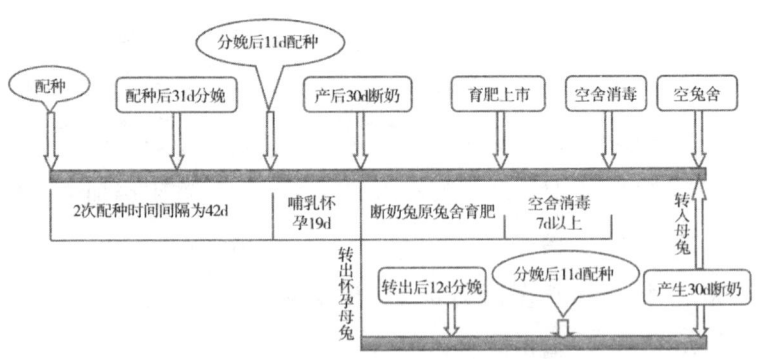

图7　42d 繁殖模式流程图

2. 49d 繁殖模式

49d 繁殖模式是指采用人工授精技术进行繁殖配种，并且母兔2次配种的时间间隔为49d（即在产后第11d进行配种繁殖，进入下一个繁殖周期）的频密繁殖模式。49d 繁殖模式流程图见图8。

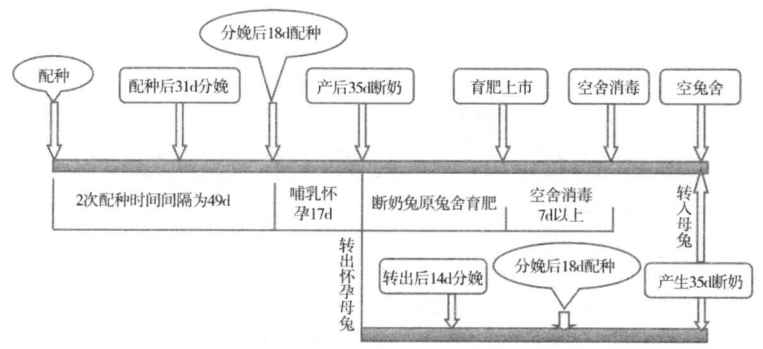

图8　49d繁殖模式流程图

第三节　饲养管理技术

一、仔兔的饲养管理技术

1. 保证仔兔早吃奶，吃饱奶

幼畜能产生主动免疫前，其免疫抗体是缺乏的。因此，保护年幼动物免受多种疾病的侵袭只能靠来自母体的免疫抗体。仔兔出生前的免疫抗体主要通过胎盘、卵黄囊获取，仔兔出生后从主要从初乳中获取。因此，初乳对于仔兔来说非常重要。同时初乳营养物质丰富，是初生仔兔生长发育所需营养物质的直接来源，又能帮助排泄胎粪。因此，应保证仔兔早吃奶，吃饱奶，尤其是要及时吃到初乳，这样才有利于仔兔的生长发育，确保体质健壮，生命力强。

2. 保暖防冻，防兽害

仔兔体温调节机能不健全，特别是出生后几天内的仔兔，体温随着外界温度的变化而变化，没有任何调节能力。因此，必须要做好仔兔的保暖工作，这是培育仔兔，提高断奶体重和成活率的一个重要措施。鼠害是兔场仔兔伤亡的主要原因之一，特别是睡眠期的仔兔，没有自我保护能力，老鼠一旦进入产箱内，就会将仔兔咬死甚至整窝吃掉，造成巨大的损失。可用母仔分离饲养的方法，哺乳时将产仔箱放入母兔笼内，哺乳后将产仔箱移到安全的地方或多个产仔箱重叠，减少鼠害的损失。除老鼠外，也容易出现猫、蛇、黄鼠狼等损害仔兔的情况，特别是在农村小规模养兔场，兔舍与周围环境隔离不严甚至没有隔离，很容易出现此种情况，应做好相应的预防工作。

3. 按时喂奶，防止吊乳

对仔兔可实行每日哺乳一次的办法，也可采用早晚两次哺乳的方法。无论每天哺乳几次，都应按时喂奶，以利于母兔有规律地泌乳、休息和仔兔的消化吸收。母兔在哺乳时突然跳出产仔箱并将仔兔带出的现象称为吊乳，这是养兔生产实践中常见的现象之一，主要原因是母兔乳汁少，仔兔吃不饱，较长时间吸住母兔的乳头不放，或母兔哺乳时突然受惊而跳出产仔箱，将仔兔带出。在饲养管理上要特别注意观察，当发现有吊乳出产箱的仔兔应将其及时送回，查明原因，采取相应的措施。如果是母兔乳汁不足引起吊乳，应调整母兔日粮，提高日粮的营养水平，适当增加喂料量，同时多喂些青绿多汁饲料，以促进母乳的分泌；如果是管理不当引起母兔惊慌而造成吊乳，则要为母兔创造一个安静的环境。如发现掉在产箱外的仔兔已受冻发凉，则应尽快为其取暖，待其肤色红润，呼吸正常后尽快使之吃到母乳，以便恢复正常。

4. 防治黄尿病

仔兔黄尿病是仔兔常发生的一种疾病，对仔兔威胁很大，应特别注意预防，一旦发生，死亡率很高。仔兔黄尿病是由于仔兔特别是出生一周内的仔兔吃了患有乳腺炎母兔的乳汁或笼底污秽，或因母兔卧伏笼底时乳头被污染，仔兔吃奶时被感染葡萄球菌进入仔兔体内，引发急性肠炎，由于呈黄色水样腹泻，因此人们习惯上称作"黄尿病"。患病仔兔全身无力，瘫软昏睡，皮肤灰白无光泽，处理不好，很快死亡。预防此病的主要方法是预防母兔乳腺炎，其次要做好笼舍和产仔箱卫生，经常检查母兔乳房情况，发现有炎症时要及时隔离治疗，并对其仔兔进行寄养。

5．搞好补饲

仔兔补饲是指从 16 日龄左右仔兔开始采食饲料起，在继续吃奶的同时，每日喂给适量配合饲料，简称为仔兔补饲。仔兔补饲饲料一般应为仔兔商品料，也可采用母仔同料。具体的补饲方法是，从 16 日龄开始用补饲料诱食一直到断奶，补饲可采取母子同笼或隔离仔兔补饲。补饲料的日给量由 4～5g/只逐步增加到 20～30g/只。

6．科学断奶

仔兔的断奶日龄，应根据不同品种、饲养水平、繁殖强度、用途（种用或商品用）、季节气候、母兔泌乳量及仔兔体质强弱等情况而定。根据我国实际情况，商品用兔多在 28～30 日龄断奶；种用兔断奶时间适当延长，一般在 35 日龄断奶。

二、幼兔的饲养管理技术

1．搞好断奶关

断奶后 10～15d 是兔后天发育最关键的时期，在此期间，它们对胃肠道感染特别敏感，有着最高死亡率记录。高死亡率的原因很多，但大多来源于小兔与母兔分开以及断奶的应激。

实践中发现，断奶重高的个体成活率高；断奶重小、健康状况不佳的个体，断奶后的适应性差，容易死亡。因此，在仔兔饲养期间提高断奶重至关重要。断奶时，应当根据仔兔发育情况、体质健壮情况，决定断奶时间、相应采取一次性断奶或分批断奶的方式，尽量使断奶幼兔达到较高的断奶体重和较好的健康状态。断奶后最好采用"离乳不离笼"的饲养方法，降低断奶应激。

2. 搞好饲料关

消化道疾病在幼兔中非常常见，是危害幼兔最主要的因素，它们不仅增加死亡率，同时造成生长迟缓以及随之而来的经济损失。消化道疾病的发生主要与饲料有关，因此，把好饲料关是关键。幼兔对饲料敏感，保证饲料品质是前提。断奶后1~2周内，饲料要逐渐过渡到育肥兔料，否则，突然改变饲料容易导致消化系统疾病。喂料量应随着年龄增长、体重增加而逐渐增加，不可突然加料太多，并保持饲料成分的稳定性。幼兔食欲旺盛，易贪食，饲喂时要掌握少喂勤添的原则。

3. 做好环境关

幼兔比较娇气，对环境的变化很敏感，尤其是寒流等气候突变，更应做好预防工作。要为其提供良好的生活环境，保持笼舍清洁卫生、环境安静，饲养密度适中，防止惊吓、防风寒、防炎热、防空气污浊，防蚊虫、防兽害等，切实把好环境关。

4. 搞好防疫关

幼兔阶段多种传染病易发，抓好防疫至关重要。除做好日常的卫生消毒工作外，要将预防投药、疫苗注射以及加强巡查等饲养管理制度相结合，严格防疫制度。除注射兔瘟疫苗外，要根据当地和兔场疫病流行特点，注射巴氏杆菌、魏氏梭菌等疫苗，提高幼兔机体的免疫力。要切实做好球虫病的预防投药工作，加强大肠杆菌病、肺炎等肠道疾病的预防。

三、后备兔的饲养管理技术

后备兔指 3 月龄至初配阶段留作种用的青年兔，应按其生长发育阶段的不同特点分别进行饲养。3 ~ 4 月龄阶段兔的生长发育依然较为旺盛，骨骼和肌肉尚在继续生长，生殖器官开始发育，应充分利用其生长优势，满足蛋白质、矿物质和维生素等营养的供应，尤其是维生素 A、维生素 D、维生素 E，以形成健壮的体质。4 月龄以后家兔脂肪的囤积能力增强，应适当限制能量饲料的比例，降低精料的饲喂量，增加优质青饲料和干草的喂量，维持在八分膘情即可，防止体况过肥。

后备兔在管理上主要是防止互相咬斗及公、母兔间的早交乱配，做好疫病的防治工作，控制好初配年龄和体重，保证适时发情配种。3 月龄左右，家兔的生殖器官开始发育，特别是成年体重偏小的中小型兔，公、母兔已经发育了一段时间，如果公、母兔集中在同一个笼内饲养，容易导致公、母兔间的早交乱配。同时，随着生殖系统的发育，家兔同性好斗的特点表现得更为明显，同性特别是公兔间的打斗不仅消耗体能，更容易造成双方身体上的残缺，丧失种用性能。因此，3 月龄后公、母兔都要实行单笼饲养。

四、种公兔的饲养管理技术

1. 供给全面、均衡的营养

公兔的种用价值，取决于精液品质，它与营养尤其是蛋白质、能量、维生素和矿物质密切相关。要想获得理想的配种效果，饲料的营养必须全面均衡。公兔饲料宜精，适口性要好，容易消化，体积不宜过大，蛋白质、维生素、矿物质等营养浓度必须满足需要，能量和粗纤维水平适中。种公兔的营养供给要全面均衡，长期稳定。适当配用动物性饲料，以保持优良的精液品质。

2. 合理配种，科学地使用公兔

首先，公、母比例要适宜。对于商品兔场，公、母兔以1：（8～10）为宜，种兔场公、母兔以1：（4～5）为宜。一些规模化兔场若采用人工授精，此比例可以达到1：（50～100）。其次，要注意配种强度，不能过度使用公兔。体质强健的壮年公兔，可每天配种2次，连续使用2～3d后休息1d；体质一般的公兔和青年公兔，每天配种1次，配种1d休息1d。在配种旺季，可适当增加饲料喂量，保证公兔营养。再次，为改善配种效果，宜采用重复配种和双重配种的方式，提高母兔受胎率。

3. 搞好管理工作

种公兔要单笼饲养，笼位要宽大、方便配种。配种时，要将母兔放到公兔笼内，不宜将公兔放到母兔笼内，以免影响配种效果。必须经常对种公兔笼进行检修与清洗消毒，保持笼底板的光滑完整与清洁卫生。

五、种母兔的饲养管理技术

1. 空怀母兔的饲养管理

空怀母兔是指母兔从仔兔断奶到再次配种怀孕的这一段时期，又称休养期。此期以保持不肥不瘦的体况，健康、发情周期正常为目的。母兔的体况与繁殖能力有关，但是它们之间并不成线性相关，当生理状态最佳时，几乎所有的母兔都会受孕，而若母兔体况过瘦和过肥时则结果表现很差。当空怀母兔出现体况过肥或过瘦时，需要及时调整营养水平，适当缩短或延长休产期。为促进发情，在青绿饲料丰富的季节和地区，可以给空怀母兔补喂多量青绿饲料，能够提高母兔的繁殖性能。

空怀母兔要单笼饲养，保持良好的环境条件，兔舍要干燥、通风、透光、清洁卫生。对长期照不到光线的家兔，应调到光线较好的笼位，以保证母兔性机能的正常活动。管理上要随时观察母兔发情情况，掌握好发情症状，适时配种。空怀期的长短与母兔体况的恢复快慢有关，过于消瘦的个体可以适当延长空怀期。一味追求繁殖的胎数，往往会适得其反。对于长期不发情的母兔，除调整营养水平外，要采取各种方法进行催情。

2. 妊娠母兔的饲养管理

妊娠母兔是指交配成功到分娩这段时间的母兔。此期的饲养管理要点是：保证母兔维持其生命活动和子宫增长、胎儿及乳腺发育的营养需要，加强护理，防止流产，提高母兔的产活仔数和仔兔初生重，为仔兔健康发育打下基础。

（1）保证营养：妊娠母兔，除维持本身营养需要外，还要供给胎儿营养。特别是青年母兔，仍处在生长阶段，除供给胎儿正常生长发育的营养需要外，还要供给自身生长的需要。因此，供给母兔全价的营养才能满足这些需要。妊娠前期（1～15d）胎儿处在发育阶段，主要是各种组织器官的形成阶段，增重占整个胚胎期的10%左右，对营养物质数量的要求不高，应注意饲料的品质。一般按空怀母兔的营养水平供给即可，若此期营养过剩，胚胎不易着床，或着床胚胎出现死亡，导致产仔数过少。15d后应逐渐增加喂量。从妊娠21d到分娩这段时间，胎儿处于快速生长发育阶段，增重加快，喂料量应逐渐增加到空怀母兔的1.5倍，或达到自由采食，如若此时营养不足会导致胚胎死亡和流产。同时，要特别注意蛋白质、矿物质饲料的供给。矿物质缺乏时，易造成母兔产后瘫痪。临产前1～2d要减少喂量，可以补充多量优质青绿多汁饲料，以免造成母兔便秘和死亡，或难产及产后患乳腺炎。

（2）防止流产：为防止流产，要注意以下几个方面。

①避免近亲交配和过早配种。

②保持环境安静。

③检胎、捕捉母兔时动作要轻柔。

④保证饲料品质。

⑤做好疫病的防治工作。

（3）做好接产工作：母兔平均妊娠期为31～32d。临产前2d，应将清洗、消毒过的产仔箱放入母兔笼内，产箱内铺好干净而柔软的垫草让母兔熟悉环境，便于衔草、拉毛做窝。母兔临产前1～2d，食欲下降，大部分母兔临产前8h左右，开始出现拉毛现象。部分初产母兔不会拉毛做窝，应该进行人工辅助诱导拉毛。正常情况下，母兔每2～3min产1只，产下后立即吃掉胎衣，舔干净仔兔身上的血迹，接着产下一只，同时开始喂奶，20～30min内可产完一窝。如若中途母兔受到惊吓，很可能会停止产仔，并将产下的仔兔咬死或吃掉，因此一定要给母兔提供安静的产仔环境。母兔产仔时一般不需要人工助产，对超过预产期1～2d的母兔，应检查胎动，视胎儿活动情况及时采用人工催产。母兔产完仔后，应该及时将仔兔取出称重、记数，并清除产箱内的污物、死仔，换上干净的垫草，放回母兔拉下的兔毛及仔兔，将产箱放在能防鼠和保温的地方，做好标记，让母兔好好休息。

3. 哺乳母兔的饲养管理

母兔从分娩到仔兔断奶这一时期称为哺乳期。哺乳母兔的饲养管理，一是为了给仔兔提供量多、质优的乳汁，二是为维持母兔良好的体况，保证其正常的繁殖机能，有利于再一次发情、受孕。因此，哺乳母兔的营养消耗和采食量都是最大的时期，搞好饲养是重点。

为满足哺乳母兔的营养需要，不仅要增加饲料的喂量，还要强调饲料的品质，保持适宜的营养水平。分娩后 1～2d，要控制饲喂全价料，多喂青绿多汁饲料，不仅可以调节母兔的消化机能，防止母兔便秘，还有一定的催乳功能。3d 后逐渐增加全价料的喂量，视仔兔吃奶、粪便情况和母兔采食情况调整喂料量。若喂奶后检查仔兔发现仔兔皮肤红润，肚子滚圆，产箱内很少有仔兔粪尿，而母兔消化机能正常，则表明母兔乳汁分泌充足，喂料量适宜；若发现仔兔皮肤皱缩，则表明母兔乳汁分泌少，不能满足仔兔需要，需要给母兔增加饲料喂量，同时补充蛋白饲料如黄豆、花生等。

现代工厂化肉兔生产时，通常采用以同期发情和人工授精为基础的 42d、49d 或 56d 的周期化繁殖模式。在此情况下，母兔有相当长的一段时间（通常为 24d）既要承担哺乳的任务，同时还要维持妊娠，此时对营养的需求非常高，通常都是采用自由采食的饲养方式，以满足兔体对营养物质的需求。

同时，要经常检查和维修产仔箱、兔笼，减少乳房、乳头被擦伤和刮伤的机会；保持笼舍及其用具的清洁卫生，减少乳房或乳头被污染的机会，避免乳腺炎发生。

第四节　圈舍设计技术

一、选址要求

兔场选址要求应从兔的生物学特性出发，根据饲养规模，各地不同的环境因素进行选址。兔场选址应当选择在地势干燥、背风向阳、四周开阔、空气流通、土质坚实、地下水位低，具有缓坡的北高南低、环境无污染的平坦地方，既适宜建造房舍，又适宜饲草作物种植。

我国地域辽阔，南北方温度、湿度等自然气候差异大，南方夏季特点为高温高湿，北方冬天特点为低温寒冷。因此，南方的兔舍选址首先考虑防暑降温，北方地区应当注意冬季的防寒保温。

兔场占地面积，要根据肉兔的饲养规模、饲养管理方式和集约化程度等因素而确定。在设计上，既要充分考虑生产需要，节约土地，又要为以后的发展留有余地。以 1 只繁殖母兔及仔兔占地面积约为 $0.75m^2$ 计算，兔场的建筑系数约为 18%，500 只基础母兔的兔场需要用地 $2\,000m^2$。

二、规划与布局

兔场占地面积应本着既节约用地，又满足生产和以后发展留有余地的原则。在设计上应根据兔场的生产方向，兔群的组成和规模，饲养的工艺要求，饲喂、粪污处理等生产流程，当地的地形地貌、自然环境和交通运输等特点进行全场的总体布局。合理分布生产区、生活区、管理区、生产辅助区，以及以后发展规划等。合理的总体布局，为有序开展生产管理起到决定性作用，不仅在基础建设、长期发展上节约投资，而且可以避免兔场环境污染和人力、物力、财力的浪费。一般兔场的规划布局见图9。

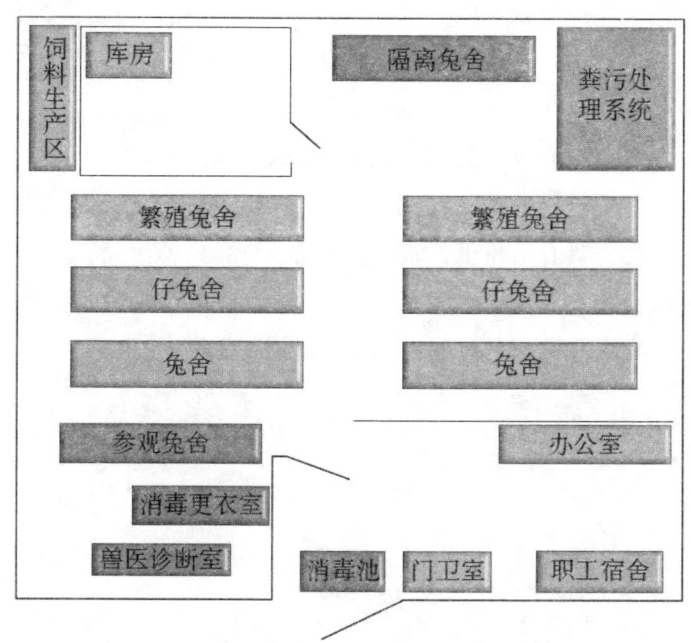

图9　规模化兔场总体布局图

三、兔舍建设类型

目前，兔舍一般分为开放式兔舍、半封闭式兔舍和密闭式环控兔舍（包括欧式全环控兔舍、中式环控兔舍和新型大棚环控兔舍）等类型。

开放式兔舍和半开放式结构简单，通风透光好，兔舍内有毒有害气体少，造价低，管理方便。其缺点是无防暑降温和冬季保暖设施，环境条件差。

环控兔舍是充分应用降温防暑工程、防寒保暖工程以及通风换气工程等技术，严格控制兔舍内的温度、湿度、有害气体等，让兔舍内的小环境维持在一定范围内。目前，国内常见的有欧式全环控兔舍、中式环控兔舍和新型大棚环控兔舍。其中，欧式环控兔舍密闭性好，环境控制效果好，但是多为连体式，造价较高，运行成本较高，防疫上存在一定风险。中式环控兔舍，与欧式相比多为单体式结构，增加了窗户，在春、秋两季可以自然通风，环境控制效果较好，运行成本低。新型大棚环控兔舍是借鉴蔬菜大棚技术，应用新材料建设的全密闭式环控兔舍，具有造价低、环境控制效果较好特点，特别适合贫困地区应用。四川省畜牧科学研究院指导的大棚环控兔舍，在乐山、宜宾和泸州等地得到大面积推广应用。

第六章　畜禽饲料营养常识

第一节　畜禽饲料营养基础知识

一、畜禽饲料基础知识

1. 饲料的概念及分类

饲料是养殖动物所有食物的总称，是指含有一种以上的养分，能被畜禽采食、消化、吸收和利用，并对畜禽无毒无害的物质。本书将饲料分为饲料原料、饲料产品和饲料添加剂。饲料是动物生产的物质基础，由于饲料种类多、组成杂、养分差别大，为了科学合理地利用饲料资源，笔者专门对我国的饲料分类体系进行简要介绍。

（1）饲料原料分类：饲料原料分类法主要分为国际分类法和中国分类法，本书只介绍中国分类法。张子仪等（1987）依据国际饲料分类原则与我国传统分类体系相结合，提出了我国的饲料分类法和编码系统。首先根据国际饲料分类原则将饲料分成 8 大类，然后结合中国传统饲料分类习惯划分为 16 亚类，两者结合，迄今可能出现的类别有 37 类，对每类饲料冠以相应的中国饲料编码，共 7 位数，首位为 IFN，第 2、第 3 位为 CFN 亚类编号，第 4 ~ 7 位为顺序号。编码分 3 节，表示为

△—△△—△△△△。中国现行饲料分类见表8。

表8　中国现行饲料分类依据原则

饲料类别	饲料编码 （1、2、3 位编码）	水分 （自然含水%）	粗纤维 （干物质%）	粗蛋白质 （干物质%）
一、青绿饲料	2-01-0000	>45	—	—
二、树叶				
1. 鲜树叶	2-02-0000	>45	—	—
2. 风干树叶	1-02-0000	—	≥18	—
三、青贮饲料				
1. 常规青贮饲料	3-03-0000	65~75	—	—
2. 半干青贮饲料	3-03-0000	45~55	—	—
3. 谷实青贮料	4-03-0000	28~35	<18	<20
四、块根、块茎、瓜果				
1. 含天然水分的块根、块茎、瓜果	2-04-0000	≥45	—	—
2. 脱水块根、块茎、瓜果	4-04-0000	—	<18	<20
五、干草				
1. 第一类干草	1-05-0000	<15	≥18	—
2. 第二类干草	4-05-0000	<15	<18	<20
3. 第三类干草	5-05-0000	<15	<18	≥20
六、农副产品				
1. 第一类农副产品	1-06-0000	—	≥18	—
2. 第二类农副产品	4-06-0000	—	<18	<20
3. 第三类农副产品	5-06-0000	—	<18	≥20
七、谷实	4-07-0000	—	<18	<20
八、糠麸				
1. 第一类糠麸	4-08-0000	—	<18	<20
2. 第二类糠麸	1-08-0000	—	≥18	—
九、豆类				
1. 第一类豆类	5-09-0000	—	<18	≥20

（续表8）

饲料类别	饲料编码 （1、2、3 位编码）	水分 （自然含水%）	粗纤维 （干物质%）	粗蛋白质 （干物质%）
2. 第二类豆类	4 - 09 - 0000	–	<18	<20
十、饼粕				
1. 第一类饼粕	5 - 10 - 0000	–	<18	≥20
2. 第二类饼粕	1 - 10 - 0000		≥18	≥20
3. 第三类饼粕	4 - 08 - 0000	–	<18	<20
十一、糟渣				
1. 第一类糟渣	1 - 11 - 0000	–	≥18	–
2. 第二类糟渣	4 - 11 - 0000	–	<18	<20
3. 第三类糟渣	5 - 11 - 0000	–	<18	>20
十二、草籽、树实				
1. 第一类草籽、树实	1 - 12 - 0000	–	≥18	
2. 第二类草籽、树实	4 - 12 - 0000	–	<18	<20
3. 第三类草籽、树实	5 - 12 - 0000	–	<18	≥20
十三、动物性饲料				
1. 第一类动物性饲料	5 - 13 - 0000	–	–	≥20
2. 第二类动物性饲料	4 - 13 - 0000	–	–	<20
3. 第三类动物性饲料	6 - 13 - 0000	–	–	<20
十四、矿物质饲料	6 - 14 - 0000	–	–	–
十五、维生素饲料	7 - 15 - 0000	–	–	–
十六、饲料添加剂	8 - 16 - 0000	–	–	–
十七、油脂类饲料及 其他	4 - 17 - 0000	–	–	–

注：本表格引自吴晋强主编《动物营养学》，1999。

（2）饲料产品分类：按饲料营养成分、物理性状、动物种类等不同而划分不同。

①按饲料营养成分分类：可分为全价配合饲料、浓缩饲料、精料补充饲料和添加剂预混合饲料。

②按物理性状分类：可分为粉状饲料、颗粒饲料、膨化饲料、破碎饲料和液体饲料等。

③按动物种类、阶段和性能进行分类：可分为畜禽类料、水产料等。

畜禽类料：猪用配合饲料分为乳猪饲料、仔猪饲料、生长猪饲料、后备母猪饲料、怀孕母猪饲料、哺乳母猪饲料。鸡用配合饲料分为肉鸡料、蛋鸡料和种鸡料。牛羊用配合饲料分为产奶牛羊料、犊牛羊料、育成牛羊料。

水产料：分为淡水鱼料、特种鱼料。

另外，还有实验动物及经济动物专用料。

（3）饲料添加剂分类：按照《饲料添加剂品种目录（2013年）》（农业部公告第 2045 号），饲料添加剂分为氨基酸、氨基酸盐及其类似物，维生素及类维生素，矿物元素及其络（螯）合物，酶制剂，微生物，非蛋白氮，抗氧化剂，防腐剂、防霉剂和酸度调节剂，着色剂，调味和诱食物质，黏结剂，抗结块剂，稳定剂和乳化剂，多糖和寡糖以及其他 14 类。

2. 主要饲料原料

（1）青绿饲料：主要指天然水分含量等于或高于 60% 的青绿多汁饲料。主要包括天然牧草、人工栽培牧草、青饲作物、叶菜类、非淀粉质根茎瓜类、水生植物及树叶类等。这类饲料具有水分含量高，蛋白质含量较高，品质较优，粗纤维含量较低，钙磷比例适宜以及维生素含量丰富的营养特性。

（2）能量饲料：主要指以干物质计，粗蛋白质含量低于20%，粗纤维含量低于 18%，1kg 干物质含有消化能 10.46mJ以上的一类饲料。这类饲料主要包括谷实类、糠麸类、脱水块根、块茎及其加工副产品、动植物油脂以及乳清粉等。能量饲料在动物饲粮中所占比例最大，一般为50%～70%，对动物主要起着供能作用。谷实类主要包括玉米、小麦、稻谷、大麦、高粱、燕麦。谷实经加工后形成的一些副产品，即为糠麸类，包括米糠、小麦麸、大麦麸、玉米糠、高粱糠、谷糠等。块根、块茎及其加工副产品主要包括薯类（甘薯、马铃薯、木薯）、糖蜜、甜菜渣等，这类饲料干物质中主要是无氮浸出物，而蛋白质、脂肪、粗纤维、粗灰分等较少或贫乏。其他能量饲料主要包括动植物油脂、乳清粉。

（3）白质饲料：是指干物质中粗纤维含量小于18%、粗蛋白质含量≥20%的饲蛋白质饲料可分为植物性蛋白质饲料、动物性蛋白质饲料、单细胞蛋白质饲料和非蛋白氮饲料。

①植物性蛋白质饲料：包括豆类籽实、饼粕类和其他植物性蛋白质饲料。

豆类籽实包括大豆、豌豆、蚕豆等。生大豆中存在多种抗营养因子，包括植酸、脲酶、胰蛋白酶抑制因子、血细胞凝集素、抗维生素因子、皂苷、雌情素、胃肠胀气因子、大豆抗原蛋白等。生大豆直接饲喂会造成动物下痢和生长抑制，饲喂价值较低，因此，生产中一般不直接使用生大豆。大豆的加工方法主要有：焙炒、干式挤压法、湿式挤压法和爆裂法等。

饼粕类是以豆类为原料取油后的副产物，包括大豆饼粕、菜籽饼粕、棉籽饼粕、花生（仁）饼粕、芝麻饼粕。

其他植物性蛋白质饲料主要有玉米蛋白粉、大米蛋白粉等。

②动物性蛋白质饲料：主要是指水产、畜禽加工、缫丝及乳品业等加工副产品。该类饲料的主要营养特点是：蛋白质含量高（40%～85%），氨基酸组成比较平衡，并含有促进动物

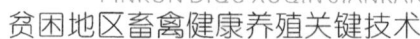

生长的动物性蛋白因子。碳水化合物含量低，不含粗纤维。粗灰分含量高，钙、磷含量丰富，比例适宜。维生素含量丰富（特别维生素 B2 和维生素 B12）。脂肪含量较高，虽然能值含量高，但脂肪易氧化酸败，不宜长时间贮藏。动物性蛋白质饲料主要包括鱼粉、虾粉、虾壳粉、蟹粉、肉骨粉、肉粉、血粉、水解羽毛粉、蚕蛹和昆虫粉等。

（4）粗饲料：是指自然状态下水分在 45% 以下、饲料干物质中粗纤维含量≥18%，能量价值低的一类饲料，主要包括干草类，农副产品类（壳、荚、秸、秧、藤）、树叶、糟渣类等。粗饲料的特点是粗纤维含量高，可达 25% ~45%，可消化营养成分含量较低，有机物消化率在 70% 以下，质地较粗硬，适口性差。包括青干草与草粉、秸秆饲料（稻草、玉米秸、麦秸、豆秸）

（5）矿物质饲料：是补充动物矿物质需要的饲料。它包括人工合成的、天然单一的和多种混合的矿物质饲料，以及配合有载体或赋形剂的痕量、微量、常量元素补充料。矿物质饲料分为常量矿物质饲料和天然矿物质饲料。常量矿物质饲料包括钙源性饲料、磷源性饲料、食盐以及含硫饲料和含镁饲料等。天然矿物质被用作饲料，主要是沸石、麦饭石、稀土、膨润土、海泡石、凹凸棒和泥炭等。

3. 饲料添加剂

饲料添加剂是指在天然饲料的加工、调剂、贮存或饲喂等过程中，人工另外加入的各种微量物质的总称。饲料添加剂的主要种类有：微量元素、维生素、氨基酸、单细胞蛋白、抗生素、益生素、酶制剂、防霉剂、抗氧化剂与抗球虫剂等。

（1）营养性添加剂

①微量元素添加剂：为动物提供微量元素的矿物质饲料叫微量元素添加剂。在饲料添加剂中应用最多的微量元素是铁、铜、锌、钴、锰、碘、硒，这些微量元素除为动物提供必需的养分外，还能激活或抑制某些维生素、激素和酶，对保证动物的正常生理机能和物质代谢有着极其重要的作用。

②维生素添加剂：维生素按其溶解性可分为脂溶性维生素和水溶性维生素。脂溶性维生素包括维生素 A、维生素 E、维生素 D 和维生素 K，水溶性维生素包括 B 族维生素和维生素 C。

③氨基酸添加剂：赖氨酸、蛋氨酸、苏氨酸、色氨酸、缬氨酸、精氨酸和甘氨酸等。非蛋白氮是指除蛋白质、肽及氨基酸以外的含氮化合物。作为反刍动物饲料添加剂使用的化合物有尿素、硫酸铵、磷酸铵、磷酸脲、缩二脲和异丁义二脲等。

（2）非营养性添加剂

①生长促进剂：作为生长促进剂的主要有抗生素、合成抗菌药、益生素。

②饲料保存剂：主要是抗氧化剂与防霉剂，以及生物活性制剂 1、酶制剂、寡糖、酵母及酵母培养物。

③其他添加剂：酸化剂、饲料风味剂（香料与调味剂两大类），以及中草药制剂。

二、畜禽营养基础知识

营养是有机体消化吸收食物并利用食物中的有效成分来维持生命活动、修补体组织生长和生产的全部过程。食物中的有效成分能够被有机体用以维持生命或生产产品的一切化学物质，即通常所称的营养物质或营养素、养分。养殖动物必须不断地从外界摄取各种营养物质，这些营养物质主要来自各种植物性和动物性的饲料。构成饲料的成分主要包括水、蛋白和氨基酸、碳水化合物、脂肪、能量、矿物质和维生素，以及其他成分等。下面，简要介绍水、蛋白、碳水化合物、脂肪、能量、矿物质和维生素的主要营养生理作用。

1. 水的营养

水是维持动植物和人类生存不可缺少的物质之一。水是一种重要的营养成分。无论动物或植物，没有水都不能生产或存活。大多数动物对水的摄入量远比三大营养素大，成年动物体成分中50%以上由水组成，初生动物体成分中水分高达80%。饲料中的水分按其形式可分为两种：即自由水和结合水。自由水是一种具有与普通水一样的热力学运动能力的水，也称为游离水。而结合水是与饲料中的蛋白质、碳水化合物的活性基团结合而不能自由运动的水。结合水与一般液体水的性质不同，由于其牢固地结合，因此也有将其定义为"冷至0℃以下也不冻的水"，同时也没有溶解的作用。

水是动物机体的主要组成成分，是一种理想的溶剂，是一切化学反应的介质。水可以调节体温和起到润滑作用。

2. 蛋白质营养

蛋白质是细胞的重要组成成分，在生命过程中起着重要的作用，涉及动物代谢的大部分与生命攸关的化学反应。蛋白质的主要组成元素是碳、氢、氧、氮，大多数的蛋白质还含有硫，少数含有磷、铁、铜和碘等元素。蛋白质是氨基酸的聚合物。由于构成蛋白质的氨基酸的数量、种类和排列顺序不同而形成了各种各样的蛋白质。因此，可以说蛋白质的营养实际上是氨基酸的营养。

蛋白质是构建机体组织细胞的主要原料，是机体内功能物质的主要成分，是组织更新、修补的主要原料，可供能和转化为糖、脂肪。

3. 碳水化合物的营养

碳水化合物是多羟基的醛、酮或其简单衍生物以及能水解产生上述产物的化合物的总称。碳水化合物是由碳、氢、氧三大元素按照 C∶H∶O 为 1∶2∶1 的规律构成糖单位。由于它所含的氢氧的比例为 2∶1，所以称为碳水化合物。饲料的碳水化合物根据单糖的聚合度，主要分为三大类：即单糖（不能被水解的简单化合物）、低聚糖（单糖聚合度 ≤10 的碳水化合物，又称寡糖）和高聚糖（单糖聚合度 >10 的复杂碳水化合物，又称多糖）。碳水化合物分为两类：动物可以吸收利用的有效碳水化合物，如单糖、双糖、多糖；动物不能消化的碳水化合物，如纤维素、木质素等。

碳水化合物具有供能、贮能的作用，在动物机体代谢和动物产品形成过程中发挥重要作用。在畜禽胃肠道内，微生物表面的糖蛋白质能够特异地识别肠黏膜上皮的寡糖受体，并与之结合。当一些寡糖的饲料进入动物体内后，胃肠道中的致病菌就会与之结合，从而不能在肠壁表面定植，这样它们就会随食糜一道排出体外，从而保护了动物免遭这些致病菌的侵害。动物体内代谢产生的许多糖苷具有解毒作用。结构性碳水化合物在体内有多种营养生理功能，饲粮中适宜水平的纤维对动物生产性能和健康有积极的作用。

4. 脂类营养

脂类是一类存在于动植物组织中，不溶于水，但溶于乙醚、苯、氯仿等有机溶剂的物质。

（1）脂类的生理作用

①脂类的供能、贮能作用：脂类是动物体内重要的能源物质，动物摄入的能量超过需要量时，多余的能量则主要以脂肪的形式贮存在体内。研究表明，禽饲粮添加一定水平的油脂替代等能值的碳水化合物和蛋白质，能提高饲粮代谢能，使消化过程中能量消耗减少，热增耗降低，使饲粮的净能增加，当植物油和动物脂肪同时添加时效果更加明显，这种效应称为脂肪的额外能量效应或脂肪的增效作用。这种作用在其他非反刍动物同样存在。

②脂类在体内物质合成中的作用：除简单脂类参与体组织的构成外，大多数脂类，特别是磷脂和糖脂是细胞膜的重要组成成分。糖脂在细胞膜传递信息的活动中起着载体和受体作用。脂类还参与细胞内某些代谢调节物质的合成。

③脂类在动物营养生理中的其他作用：脂类作为溶剂对脂溶性营养素或脂溶性物质的消化吸收极为重要。鸡饲粮含0.07%的脂类时，胡萝卜素吸收率仅20%，饲粮脂类增到4%时，吸收率提高到60%。高等哺乳动物皮肤中的脂类具有抵抗微生物侵袭，保护机体的作用。禽类尤其是水禽，尾脂腺中的脂对羽毛的抗湿作用特别重要。沉积于动物皮下的脂肪具有良好绝热作用，在冷环境中可防止体热散失过快，对生活在水中的哺乳动物显得更重要。生长在沙漠的动物氧化脂肪既能供能又能供水。每克脂肪氧化比碳水化合物多生产水67%～83%，比蛋白质产生的水多1.5倍左右。

④磷脂肪的乳化特性：磷脂肪分子中既含有亲水的磷酸基团，又含有疏水的脂肪酸链，因而具有乳化剂特性。可促进消化道内形成适宜的油水乳化环境，并对血液中脂质的运输以及

营养物质的跨膜转运等发挥重要作用。

⑤胆固醇的生理作用：胆固醇是甲壳类动物必需的营养素。蜕皮激素的合成需要胆固醇，而甲壳类动物包括虾，体内不能合成胆固醇，需要由饲料供给。胆固醇有助于虾转化合成维生素 D、性激素、胆酸、蜕皮素和维持细胞膜结构完整性，促进虾的正常蜕皮、消化、生长和繁殖。

（2）必需脂肪酸：是指凡是体内不能合成，必须由饲粮供给，或能通过体内特定先体物形成，对机体正常机能和健康具有重要保护作用的一类脂肪酸。

必需脂肪酸是细胞膜、线粒体膜和质膜等生物膜脂质的主要成分，在绝大多数膜的特性中起关键作用，也参与磷脂的合成，是合成类二十烷的前体物质，能维持皮肤和其他组织对水分的不通透性，能降低血液胆固醇水平。

5. 能量

能量可定义为做功的能力。动物的所有活动，如呼吸、心跳、血液循环、肌肉活动、神经活动、生长、生产产品和使役等都需要能量。动物所需的能量主要来自饲料三大养分中的化学能。

饲料能量主要来源于碳水化合物、脂肪和蛋白质。在营养学中热量的国际单位制导出单位及中国法定计量单位为焦耳（J）。为使用方便，实践中常用单位为千焦耳和兆焦耳。三者关系为：

$$1kJ = 1\ 000J \qquad 1MJ = 1\ 000kJ$$

（1）总能：是指饲料中有机物质完全氧化燃烧生成二氧化碳、水和其他氧化物时释放的全部能量，主要为碳水化合物、粗蛋白质和粗脂肪能量的总和。

（2）消化能：是饲料可消化养分所含的能量，即动物摄入饲料的总能与粪能之差。

（3）代谢能：指饲料消化能减去尿能及胃肠道可燃气体的能量后剩余的能量。尿能是尿中有机物所含的总能，主要来自蛋白质的代谢产物，如尿素、尿酸、肌酐等。尿氮在哺乳动物中主要来自尿素，禽类主要来自尿酸。胃肠道气体能来自动物消化道微生物发酵产生的气体，主要是甲烷。这些气体经肛门、口腔和鼻孔排出。非反刍动物的大肠中虽然也有发酵，但产生的气体较少，通常可以忽略不计。反刍动物消化道（主要是瘤胃）微生物发酵产生的气体量大，含能量可达饲料总能的3%~10%。故代谢能应按单胃动物和反刍动物分别计算。微生物发酵产气的同时，也产生部分热能，在冷环境条件下，具有参与维持体温的作用。

（4）净能：是饲料中用于动物维持生命和生产产品的能量，即饲料的代谢能扣去饲料在体内的热增耗后剩余的那部分能量。热增耗是指绝食动物在采食饲料后短时间内，体内产热高于绝食代谢产热的那部分热能。热增耗以热的形式散失。

饲料能量在动物体内的分配见图10。

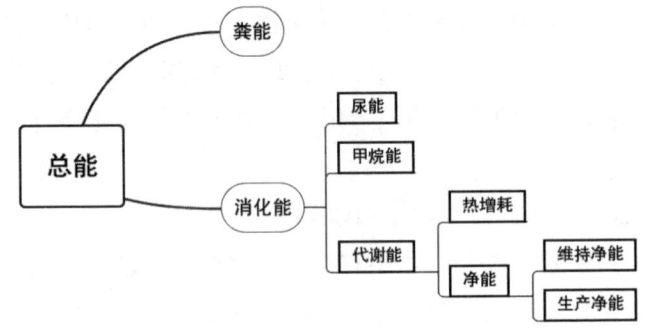

图10　饲料能量在动物体内的分配

6. 矿物质

矿物质元素是动物生命活动和生产过程中起重要作用的一大类无机营养素。现已确认动物体组织中含有约 45 种矿物元素，但是并非动物体内的所有矿物元素都在体内起营养代谢作用。按照它们在动物体内含量的不同，分为常量元素和微量元素。常量元素指动物体内含量不低于 0.01% 的化学元素，主要包括钙、磷、钠、钾、氯、镁、硫等 7 种。微量元素指动物体内含量低于 0.01% 的化学元素，目前查明必需的微量元素有铁、锌、铜、锰、碘、硒、钴、钼、氟、铬、锡、硅、钒、镍等 14 种。

7. 维生素

维生素属于维持人和动物正常生理机能所必需，且需要量又极微小的一类低分子有机物质。它对人和动物的重要作用，主要是以活化剂的形式，参与体内物质和能量代谢的各生化反应。它们在动物体内数量极少，却作用很大，而且每一种维生素都具有其特殊的作用，相互间不可替代。维生素按其溶解性可分为脂溶性维生素和水溶性维生素。

（1）脂溶性维生素：包括维生素 A、维生素 E、维生素 D 和维生素 K，它们只含有碳、氢、氧三种元素，可从食物及饲料的脂溶物中提取。在消化道内随脂肪一同被吸收，吸收的机制与脂肪相同，凡有利于脂肪吸收的条件，均有利于脂溶性维生素的吸收。脂溶性维生素以被动的扩散方式穿过肌肉细胞膜的脂相，主要经胆囊从粪中排出。摄入过量的脂溶性维生素可引起中毒，代谢和生长产生障碍。脂溶性维生素的缺乏症一般与其功能相联系。除维生素 K 可由动物消化道微生物合成所需的量外，其他脂溶性维生素都必须由饲粮提供。

（2）水溶性维生素：包括 B 族维生素和维生素 C，目前已确定的水溶性维生素共有 10 种。水溶性维生素主要有以下特点：

①水溶性维生素可从食物及饲料的水溶物中提取。

②除含碳、氢、氧元素外，多数都含有氮。

③B 族维生素主要作为辅酶，催化碳水化合物、脂肪和蛋白质代谢中的各种反应。

④B 族维生素多数通过被动的扩散方式吸收，但在饲粮供应不足时，可以主动的方式吸收。维生素 B_{12} 的吸收较特殊，需要胃分泌的一种内因子帮助。

⑤除维生素 B_{12} 外，水溶性维生素几乎不在体内贮存。

⑥主要经尿排出（包括代谢产物）。

大多数动物能在体内合成一定数量的维生素 C。在高温、运输、疾病等逆境情况下，动物对维生素 C 的需要量增加。

第二节　饲料与畜产品安全

饲料是养殖业的基础，饲料安全在很大程度上影响到畜产品的安全。饲料安全是畜产品安全问题的根本源头之一，人类健康与畜禽饲料营养和品质具有高度的相关性，"今天"的饲料安全是为了"明天"的畜产品和人类健康。饲料是动物赖以生长的物质基础，饲料质量的好坏直接影响到动物的健康和动物产品的品质（包括感官品质、营养价值、卫生质量和深加工品质），从而间接关系到人们消费畜产品的安全和健康问题。饲料质量优质不仅与畜禽生产能力有关，而且与畜产品的质量密切相关，畜牧生产的主要目的是为了满足人民日益增长的物质的需求，因此，饲料品质的高低在很大程度上决定人类的健康问题。

一、饲料造成畜产品食用不安全的主要因素

影响饲料安全的因素很多，按其来源可以分为两大类：自然因素和人为因素。

1. 自然因素

（1）天然有毒有害物质：植物性饲料中的抗营养因子，主要包括蛋白酶抑制因子、生物碱、单宁、植酸、棉酚、硫葡萄糖苷、皂角苷以及有毒硝基化合物等；动物性饲料中的组氨、抗硫氨素等；油脂原料的氧化和酸败产生不良风味和有害产物。

（2）病原微生物、寄生虫及其代谢产物：饲料中的细菌、霉菌、支原体、衣原体、病毒、寄生虫等病原引起的污染，可能引起感染型中毒性疾病，如沙门氏菌、大肠杆菌和肉毒梭菌毒素等所造成的食物中毒；许多危害极大的烈性传染病也可能通过饲料等进行传播，原料中含有致病病毒，如疯牛病、非洲猪瘟、禽流感病毒、口蹄疫、疯牛病病毒等，对饲养动物和畜产品造成危害。霉菌和霉菌毒素对饲料污染也是影响饲料安全的主要因素，危害饲料安全的霉菌毒素主要有黄曲霉毒素、呕吐毒素、伏马毒素、赭曲霉毒素和玉米赤霉烯酮，特别是黄曲霉毒素，毒性极强，极少量的霉菌毒素 B_1 就具有"三致作用"。饲料原料中微生物毒素超过国家标准限量，会导致饲料产品的微生物毒素超标。

（3）有毒的化学物质：受工业污染、空气污染，导致饲料中二噁英、苯并芘、有毒重金属（如镉、汞、砷、铅等）和非金属（如氟、塑料之类的含氯垃圾）等化合物均可能污染饲料，农药、化肥及除草剂等农业化学物质通过对饲料原料的污染而影响到饲料的安全性和畜产品安全。

2. 人为因素

（1）非法使用抗生素：主要指在饲料中非法添加和不按规范超剂量超范围添加药物。抗生素的使用是影响饲料安全的重要因素之一。20 世纪中期以来，在饲料中添加抗生素对预防动物疾病、促进动物生长、提高饲料报酬、提高畜禽产品产量等方面发挥了积极作用。但是，随着抗生素作为饲料添加剂长期应用，其暴露出来的种种弊端也逐渐被人们所认识，比如，导致动物胃肠道正常菌群失调，产生耐药性和药物残留等副作用，给动物和作为动物产品消费者的人类健康都带来了严重危害。特别是畜禽产品中的药物残留可能导致人类 DNA 结构的改变，造成"致残""致畸""致癌"等严重后果，对人类构成潜在的威胁。

（2）非法使用违禁物：主要是指在饲料中添加法律法规禁止添加的物质和国家法律法规许可使用以外的物质。主要包括瘦肉精（肾上腺素、β－受体兴奋剂，克伦特罗是其代表化合物，同类的产品还有舒喘宁、息喘宁和莱克多巴胺等）、激素（常用的激素有性激素和促/抑甲状腺激素类等，常见的有雌烯二醇、黄体酮、霉烯酮等）、三聚氰胺、苏丹红、孔雀石绿等。

（3）超量添加微量元素：饲料中添加一定量的铜、锌、铁、硒等微量化学元素具有促进动物生长、预防这些元素不足而造成的缺乏症，但如果使用不当或者盲目地超量使用就会起到完全相反的作用。高铜、高锌虽然能促进动物生长，提高饲料利用率，降低料肉比，但微量元素在动物消化道吸收较低，饲料中高剂量的铜、锌绝大部分通过粪便排出体外，进而造成对环境的污染。同时，动物长期采食高微量元素饲料，使微量元素在内脏内沉积，对食用内脏的人产生健康危害。

（4）饲料交叉污染和流通环节的污染：料加工中控制不当，发生药物交叉污染，使某种动物饲料中含有的特殊药物意外的混入到另一种动物饲料中，造成对饲养动物和畜产品造成危害。

二、保障饲料安全与食品安全的主要措施

1. 管理措施

针对饲料安全和食品安全的问题，我国政府十分重视，根据我国饲料安全问题的特点，颁布了一系列法规和管理办法，如《饲料和饲料添加剂管理条例》《允许使用的饲料添加剂品种目录》《饲料药物添加剂使用规范》《饲料中盐酸克伦特罗的测定》《兽药管理条例》《食品卫生法》《食品动物禁用的兽药及其他化合物清单》《禁止在饲料和动物饮用水中使用的药物品种目录》《无公害食品标准》《绿色食品饲料和饲料添加剂使用准则》及《绿色食品兽药使用准则》等。对饲料加工和畜产品的每一步骤进行危害因素分析，确定关键控制点，控制可能出现的危害，确立符合每个关键控制点的临界限，与关键控制点相关的所有关键组分都是饲料安全和畜产品安全的关键因素，同时建立临界限的检测程序、纠正方案、有效档案记录保存体系、校验体系等。建立和完善饲料安全评价基地和饲料安全监控信息网，完善饲料标准化体系，改善检测条件，加强监控和执法。对违禁药品的生产、流通和使用环节进行重点监控，对畜产品抗生素残留和违禁品残留进行严格监测，对违法违纪行为进行严厉打击。所有这些法规和措施的实施，对于保障我国饲料和畜产品的安全起着举足轻重的作用。

2. 技术措施

（1）按照饲料原料和饲料添加剂目录选用饲料原料和添加剂，严格执行使用范围、剂量、配伍及休药期。

（2）制定饲料原料及饲料添加剂的质量标准和安全标准，加强安全性检测，清除饲料原料的杂质、降低饲料中天然有毒有害物质，杀灭或降低饲料中有害微生物，确保饲料原料安全。

（3）防止饲料中加工和流通环节产生的污染。饲料加工环节要防止抗生素、重金属等的污染，预防加工和流通环节产生有毒有害物质以及饲料交叉污染。

（4）以无公害畜产品的标准为目标，研究饲料原料和饲料添加剂的应用技术和饲料配制技术。

（5）开发新型、高效、安全、无残留及环保型添加剂。如中草药、微生态制剂、酵母培养物、酶制剂、溶菌酶、卵黄抗体、抗菌肽等的研究及开发，替代与减少抗生素的使用。

第七章　畜禽疫病防治技术

第一节　兽医基础知识

一、动物疾病及病因

动物与人一样也要生病，其表现形式也与人类相似，但动物不能描述其感受，只有通过人去观察、检查等。从事动物疾病诊断、治疗、预防、检验检疫等工作的医生，称为兽医。

疾病是指在一定条件下致病因素与机体相互作用而产生的一个损伤与抗损伤的复杂斗争过程。在疾病过程中机体表现出各种机能、代谢和形态结构的异常变化，使机体内外环境及体内各系统之间的相对平衡状态发生紊乱，机体表现出一系列的症状和体征。同时动物生产能力下降，经济价值降低。

动物疾病发生的病因主要是外因和内因两个方面。外因包括生物（如细菌、病毒、真菌、支原体、寄生虫等）、化学（如农药中毒）、物理（如摔伤）、营养（如营养缺乏）等因素。内因包括机体反应性（如猪不感染牛瘟、鸡腹水症主要侵害肉鸡、幼年动物易患消化道和呼吸道疾病、老年动物易患肿瘤性疾病、牛和鸡的雌性动物易发白血病等）和抵抗力降低（如皮肤能阻止）。

按照疾病发生原因可把疾病分为：传染病、寄生虫病、普通病（非传染性）。

凡是由病原微生物感染动物引起，具有一定的潜伏期和发病表现，并具有传染性的疾病，统称为动物传染病。从病原上分可分为细菌、病毒、霉形体、支原体、真菌等。最多见的是细菌和病毒两大类。

细菌可以通过从环境中或动物体内等获取需要的营养物质来完成自身繁殖，我们可以根据细菌生长需要的营养物质来制作相应的培养基，在培养基中该细菌可以大量繁殖。细菌经涂片染色后，在显微镜中可以被看见。家畜家禽感染致病菌而发病后，在生产中常用抗生素治疗，也可用这种致病菌支撑的疫苗来预防该疾病。

病毒的组成是由遗传物质（RNA 或 DNA）和蛋白质外壳组成的，它不像其他生物有自己的细胞器、酶系统等，因此，它不能在外界环境中繁殖，它只有侵入其他生物细胞内，借助其他细胞的细胞器和酶系统等来完成自身的繁殖。不同的病毒需要的细胞种类不同。家畜家禽感染病毒发病后是采用抗病毒药物治疗，但一般效果相对较差，抗生素无效。在生产上，一般用病毒制成疫苗来预防该疫病。病毒体积比细菌更小，在一般显微镜下不能被看见，只有通过电子显微镜才能发现。细菌、病毒也称为原核生物。

寄生虫是动物疾病的一大类，他们有完整的细胞结构，即细胞膜、细胞核等，也称为真核生物。包括原虫、吸虫、绦虫、线虫、体表寄生虫、棘头虫等。其中吸虫、绦虫、线虫一起统称为蠕虫。寄生虫完成发育史中，有的寄生虫只需要寄生于一个动物体内，有的寄生虫则需要寄生于多种动物体内。寄

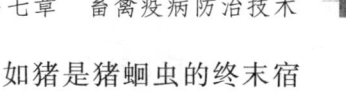

生虫成虫寄生的动物称为终末宿主，如猪是猪蛔虫的终末宿主；寄生虫幼虫寄生的动物称为中间宿主，如猪是猪带绦虫的中间宿主。

二、动物感染与疫病

感染和免疫是密不可分的，感染使机体产生免疫力，又阻止了感染。感染强调微生物的病原性及其过程，而免疫强调微生物的抗原性。免疫可分为非特异性和特异性免疫。

1．感染的含义

感染是指病原微生物侵入机体后在体内繁殖，释放毒素酶侵入细胞造成细胞系列变化的过程。

感染分为外源性感染和内源性感染。外源性感染是指病原体从动物体外侵入机体引起的感染，这是感染的主要类型。内源性感染是指寄生于动物体内的某些条件性病原体或隐性感染状态下的病原体，因受到某些因素作用，动物机体抵抗力下降，大量生长繁殖而引起的感染。如体况下降、疲劳等，可以导致动物的自身抵抗力下降，当遇到同等致病力时就可能发病。例如，动物皮肤可以抵抗一般生物入侵，但当皮肤损伤后，其他生物就可以通过伤口进入动物体内而引起该动物发病；再如，家畜或家禽经长途运输后疲惫或饲养因素导致营养等严重不足等，家畜或家禽自身抵抗力可能下降，此时的家畜或家禽容易发病。同一类动物而品种不同，可能对同一种病原的抵抗力也不同。比如猪，一般地方品种猪感染口蹄疫后的发病率、死亡率就可能比外种猪感染口蹄疫病毒的发病率、死亡率低。

2．疫病

凡是有传播、扩散特点的传染病和寄生虫病统称为疫病。

疫病的共同特征有：一是疫病是由病原体（微生物或寄生虫）引起，每种疫病都有特定的病原体；二是疫病具有传染性和流行性；三是感染动物机体可出现特异性的免疫反应；四是疫病通过动物可获得特异性免疫力；五是被感染动物有一定的临床表现和病理变化；六是传染病的发生具有明显的阶段性和流行规律。

（1）疫病分类：一类动物疫病是指对人与动物危害严重，需要采取紧急、严厉的强制预防、控制、扑灭等措施的疫病，如口蹄疫、高致病性猪蓝耳病、新城疫、牛传染性胸膜肺炎；二类动物疫病是指可造成重大经济损失、需要采取严格控制、扑灭措施，防止扩散的疫病，如狂犬病、弓形虫病、猪乙型脑炎、猪肺疫、马立克氏病等；三类疫病是指常见多发、可能造成重大经济损失，需要控制和净化的，如大肠杆菌病、猪流行性感冒、鸡病毒性关节炎等。

（2）疫病的发展阶段：根据动物发病的过程，可分为潜伏期、前驱期、临床明显期和恢复期。

①潜伏期：是指病原体侵入动物体后，从开始繁殖到出现最初临床症状的这段时间。不同的传染病其潜伏期长短也不尽相同，就是同一种传染病的潜伏期长短也有较大的变动范围。潜伏期的长短与侵入动物体的病原体的种类、数量、毒力、动物的种、属及个体的抵抗力和病原体的侵入途径和部位等因素有关。

②前驱期：潜伏期过去以后即转入前驱期，是疾病的征兆阶段。是指疫病临床症状开始出现后，直到该病典型症状显露的那段时间。此阶段，大多数传染病病畜（禽）没有特征性的症状，只可见到体温升高、食欲减退、精神沉郁及生产能力降

低等一般的临床症状。

③发病期：前驱期之后表现出该种传染病的特征性的临床症状的阶段，如体温升高以及某些有诊断意义的特征性症状等。此阶段患病动物机体排出的病原体数量多、毒力强，故应该加强发病动物管理，防止病原体的散播和蔓延。

④恢复期：动物体的抵抗力得到改进和增强，可以转入恢复期，患病动物康复或死亡。此期特点是临床症状逐渐减轻或消失，体内病理变化逐渐减弱，恢复过程加强，正常的生理机能逐渐恢复正常，多数保有一定免疫反应。如果病原体的致病性能增强，或动物机体的抵抗力减弱，则动物可发生死亡。

三、畜禽疫病的预防措施

根据传染病流行的特点，采取消除和切断传染的综合防治措施，才能有效制止疫病的发生和传播，减少和降低发病率与死亡率。

（1）做好检疫：交通运输检疫、市场检疫和屠宰检验等项工作，以及时发现和消灭传染病。

（2）对传染病的常发地区要采取严格的综合兽医卫生措施。

（3）清洁地区要坚持自繁自养。

（4）坚持定期进行预防接种和随时补针。

（5）畜舍、饲养管理用具和运动场所定期进行消毒。做好粪便的处理。

（6）饲养管理人员及所使用的管理用具都要固定，并要有一套饲养管理的方法。

四、疫苗

疫苗是一种生物制剂，它与常用的化学药物（如青霉素）

不同，不能直接杀死病原，如口蹄疫疫苗不能直接杀死口蹄疫病毒。疫苗可保护被注射动物不感染其疫病，是因为疫苗由病原（如猪瘟病毒、大肠杆菌等）来制成，该病毒或细菌上有许多抗原，制成疫苗的病毒或细菌经灭活或毒力致弱后，起抗原的活性仍然保持。当注射疫苗后，其抗原刺激家畜家禽的免疫细胞（T细胞、B细胞）等后，经一系列反应，其家畜家禽的免疫系统产生许多抗体，足够的抗体就可使被免疫家畜家禽避免遇到制成这种疫苗的病原时而感染。因此，疫苗对免疫家畜家禽的保护效果，除了疫苗本身质量外，还取决于被免疫家畜家禽的状况。如果家畜家禽自身体质弱（如免疫系统有问题），即"制造抗体的能力差"，免疫的保护效果也就差。

免疫作为一种生物制品有很多特殊性，一是病原上的一种抗原刺激动物体产生相应的抗体，其抗体和抗原的结合是专一的，一种抗原只能与一种抗体结合；二是同一种病原（如口蹄疫病毒）有不同种类的抗原（如血清型、压型等），同种病原的同血清型或压型制成的疫苗才能保护动物不感染同种、同型、压型的病原。如果一个地方可能流行的病原血清型或压型不一样，如一个地方既有口蹄疫病毒又有"亚洲Ⅰ型"和"O型"流行，那么，这个地方的猪、牛、羊等同时需要免疫口蹄疫"亚洲Ⅰ型"疫苗和口蹄疫"O型"疫苗。现在市场上已有利用现代生物技术来研制的"现代疫苗"，这些"现代疫苗"不同于以上讲的"传统疫苗"。"现代疫苗"有多肽疫苗、基因缺失疫苗、核算疫苗等。

五、兽医法律法规

相关的兽医法律法规主要有《中华人民共和国动物防疫法》《动物防疫条件审查办法》《执业兽医管理办法》《重大动

物疫情应急条例》《中华人民共和国兽药管理条例》《病原微生物实验室生物安全管理条例》《动物诊疗机构管理办法》。

第二节 畜禽用药常识

畜牧业发展过程中，兽药作为预防和治疗畜禽疾病的产品，在提高畜禽成活率，提高养殖效益方面发挥了积极的作用，成为不可或缺的一环。同时，临床上兽药的不合理使用，不仅造成畜禽药物中毒，也带来兽药残留、食品安全、环境污染等问题。因此，如何高效、安全地使用兽药，是我们畜禽养殖及相关从业人员必须掌握的知识。本节笔者将从常用兽药分类、兽药配伍、假劣兽药辨别等方面介绍畜禽用药常识。

一、兽药分类

1. 青霉素类

兽医临床上主要有抗革兰氏阳性菌的青霉素G（注射用），耐青霉素酶的苯唑西林、氯唑西林等；广谱青霉素，氨苄西林、阿莫西林等；对绿脓杆菌有效的广谱青霉素，有羧苄西林、替卡西林等。

2. 头孢菌素类

兽医临床上主要使用的品种有头孢噻呋、头孢氨苄、头孢喹肟等。根据抗菌谱，对酶的稳定性和抗菌活性差异分为四代，目前兽医临床上使用较多的是第三代头孢噻呋和第四代头孢喹肟。

3. 氨基糖苷类

兽医临床上常用的这类抗生素包括：硫酸链霉素、硫酸卡那霉素、硫酸庆大霉素、硫酸新霉素、硫酸阿米卡星、盐酸大观霉素、硫酸安普霉素。此类药与青霉素类或头孢菌素类联用有协同作用，与碱性药（如碳酸氢钠、氨茶碱等）联用可增强抗菌效力。

4. 四环素类

四环素类抗生素是一类碱性广谱抗生素。兽医临床上常用的四环素类药物有：四环素、土霉素、金霉素、多西环素。其抗菌作用的强弱次序为：多西环素 > 金霉素 > 四环素 > 土霉素。

5. 氯霉素类

兽医临床应用品种有氯霉素、甲砜霉素和氟苯尼考。氯霉素现已被淘汰，主要使用品种为氟苯尼考。

6. 大环内酯类

动物专用的大环内酯类品种有泰乐菌素、替米考星、阿奇霉素、泰拉菌素。近年来，已有新品种如酒石酸乙酰异戊酰泰乐菌素（酒石酸泰万菌素）。

7. 林可胺类

兽医临床及动物生产中常用林可胺类药物包括：盐酸林可霉素、盐酸克林霉素。本类抗生素对葡萄球菌、链球菌等革兰氏阳性菌和支原体有较强抗菌活性，最大特点是对厌氧菌也有良好的抗菌活性。

8. 多肽类

多肽类包括杆菌肽、多黏菌素类及专用于促进动物生长的杆菌肽锌、维吉尼霉素、恩拉霉素、那西肽等。多作为饲料药物添加剂在畜牧生产中应用。

9. 磺胺类

兽医临床上常用的磺胺类药物根据其吸收情况和应用部

位，可分为肠道易吸收、肠道难吸收及外用等三类。

（1）肠道易吸收的磺胺药，包括磺胺噻唑（ST）、磺胺嘧啶（SD）、磺胺喹噁啉（SQ）、磺胺二甲嘧啶（Sm^2）、磺胺异噁唑（SIZ）、磺胺甲噁唑（SMZ）、磺胺间甲氧嘧啶（SMM）、磺胺对甲氧嘧啶（SMD）等。

（2）肠道难吸收的磺胺药，包括磺胺咪（SG）等。

（3）外用磺胺药，包括磺胺嘧啶银（烧伤宁，SD－Ag）等。

10. 喹诺酮类

目前，我国兽医临床上主要使用第三代喹诺酮类（氟喹诺酮类）药物，主要包括恩诺沙星、环丙沙星、沙拉沙星、诺氟沙星、二氟沙星、达氟沙星等。本类药属广谱杀菌药，对革兰阳性菌、革兰阴性菌、某些支原体、厌氧菌均有活性。

11. 解热镇痛抗炎药

兽医临床上使用的解热镇痛抗炎药有近 20 种，常用的有阿司匹林、对乙酰氨基酚、安乃近、安替比林、氨基比林、萘普生、水杨酸钠、氟尼辛葡甲胺等。

12. 糖皮质激素类

糖皮质激素具有明显的药理作用，包括抗炎、抗过敏、抗毒素、抗休克和对代谢的影响。兽医临床上常用的糖皮质激素类药物包括：氢化可的松、醋酸泼尼松、地塞米松、醋酸氟轻松等。

13. 抗胆碱药

本类药物依据作用部位可分为 M 胆碱受体阻断药（如阿托品、东莨菪碱）、N 胆碱受体阻断药（如琥珀胆碱、筒箭毒碱）和中枢性抗胆碱药。兽医临床上目前应用的主要是前两种药物。

14. 抗贫血药

缺铁性贫血是兽医临床上常见类型，如哺乳期仔猪贫血及急慢性失血性贫血。防治缺铁性贫血的有效药物有硫酸亚铁、枸橼酸铁铵、右旋糖酐铁等。

15. 平喘药

平喘药按其作用特点分为支气管扩张药和抗过敏药物。支气管扩张药物主要使支气管平滑肌松弛。兽医临床上常用药物有拟肾上腺素类药物（如麻黄碱）和茶碱类药物（如氨茶碱）等。

16. 性激素类药

（1）子宫收缩药：主要用于催产、引产、产后止血及子宫复原，包括垂体后叶素、缩宫素、马来酸麦角新碱。

（2）性激素、促性腺激素及促性腺激素释放激素药：养殖中用于调整畜禽生殖过程，包括丙酸睾酮、甲睾酮、苯丙酸诺龙、雌二醇、黄体酮、绒促性素、促卵泡素、促黄体素、促性腺释放激素。

（3）前列腺素类。

17. 驱虫药

抗寄生虫药可分为抗蠕虫药、抗原虫药和杀虫药。根据寄生于动物体内的蠕虫类别，抗蠕虫药可分为抗线虫药、抗吸虫药、抗绦虫药、抗血吸虫药。根据抗线虫药的化学结构特点，可将这些药物分为：

（1）苯并咪唑类，如阿苯达唑、芬苯达唑、氟苯达唑等。

（2）咪唑并噻唑类，如左旋咪唑。

（3）四氢嘧啶类，如噻嘧啶。

（4）哌嗪类，如哌嗪、乙胺嗪。

（5）抗生素类，如阿维菌素、伊维菌素、多拉菌素等。

（6）其他，如敌百虫和硝碘酚等。

18. 消毒药

消毒药种类较多，按其化学结构和作用性质分类，可分为酚类（苯酚、复合酚、氯甲酚等）、醛类（戊二醛、稀戊二醛、复方戊二醛等）、醇类（乙醇）、卤素类（含氯石灰、漂白粉、溴氯海因粉、聚维酮碘等）、季铵盐类（苯扎溴铵、月苄三甲氯胺等）、氧化剂（双氧水、高锰酸钾等）、酸类（醋酸、硼酸、硼砂）、碱类（氢氧化钠、生石灰、碳酸钠）和染料类等。

二、兽药配伍及使用禁忌

在临床用药过程中，将两种或两种以上药物联合使用称为配伍。药物配伍恰当可以改善药剂性能，增强疗效；如果配伍不当，会导致药物发生各种变化，破坏外观性状、产生沉淀、氧化还原、变色反应，使药物分解失效或增加毒性。配伍变化分为物理性、化学性和药理性三类变化。

1. 物理性配伍变化

物理性配伍变化是指药物或制剂配伍时发生了物理性质的改变，如溶解度改变、潮解、液化、吸湿、吸附等。一般属于外观上的变化，如果条件改变还可能恢复到制剂的原来形式。

（1）分离：常见于水溶剂与油溶剂两种液体物质配合时出现，是由于两种溶剂比重不同而出现配伍时分层的现象，因此在临床配伍用药时，应该注意药物的溶解特点，避免水溶剂与油剂的配伍。

（2）沉淀：常见于溶剂的改变与溶质的增多，凡有机溶剂作为溶剂的液体药物配伍时均须注意。比如，氟苯尼考注射液用水溶液稀释时会出现氟苯尼考沉淀；伊维菌素注射液用水溶液稀释时产生沉淀。

2．化学性配伍变化

药物配伍后有新的物质产生，往往是由于药物之间发生了氧化、还原、水解、分解、复分解等化学反应所产生，结果常能观察到变色、浑浊、沉淀、产生气体等化学现象。

3．药理性配伍变化

药物配伍使用后，在机体内一种药物对另一种药物的体内过程或受体作用产生影响，而使其药理作用性质和强度、副作用、毒性作用等发生改变。

4．抗菌药物之间的配伍

根据抗菌作用特点，可将抗菌药物分为四大类：

（1）快速杀菌药，包括青霉素类、头孢菌素类。

（2）慢速杀菌药，包括氨基糖苷类、多黏菌素类。

（3）快速抑菌药，包括四环素类、氯霉素类、大环内酯类。

（4）慢速抑菌药，包括磺胺类。

各类药物相互作用的效果如下：A＋B 协同作用；C＋D 累加作用；B＋C 累加或协同作用；A＋C 拮抗作用；A＋D 可能累加作用。

三、假劣兽药分辨妙招

假劣兽药不但起不到应有的治疗作用，还会延误病情，引起患病动物病情加重或死亡，给畜牧业生产造成极大危害，严重影响了养殖业经济效益。为了避免兽药经营者、广大养殖场（户）因此而造成不必要的损失，现介绍三点分辨假冒伪劣兽药的方法，以供参考。

1. 二维码追溯

农业农村部已全面实行兽药二维码追溯管理，手机下载"国家兽药综合查询"App，对兽药包装上的二维码进行扫描，则会出现该兽药的所有信息。如果包装盒没有二维码，或扫描出的信息与包装盒上印刷的信息不符，则为假兽药。

2. 从外观性状识别变质兽药

兽药变质是指兽药及其制剂由于受本身的化学性质及空气、温度、光线、湿度、微生物、制剂工艺、贮藏条件等因素的影响而发生物理和化学性质变化，从而影响到兽药质量及其临床疗效的过程。

（1）水针剂

①澄明度：色点、白点、白块、玻璃胶片、浑浊、纤维等。

②变色变质：药物氧化分解，如肾上腺素注射液易氧化变为红色。

③析出结晶：有些药物遇冷时析出结晶，加热溶解时仍可用，但加热不溶解时不宜使用。

④发霉、长菌、浑浊或有絮状物。

（2）粉针剂：正常的粉针剂晃动时应在瓶内自由翻动、无色点、异物。若出现变色、色点、潮解、结块等现象，应抽检进一步检查。

（3）片剂：白色药片颜色变黄、变深、出现花斑、发霉、松解、表面粗糙、凹凸不平、潮解等；糖衣片表面褪色、糖衣层裂开、发霉者。如维生素片，由白色变成浅黄色，痢菌净片由黄色变成黄棕色，说明有效成分已被空气氧化变质。

（4）散剂、粉剂、预混剂、原料药：应干燥、疏松、混合均匀、色泽一致。若出现受潮结块严重，变色，表明药品质量发生变化。如诺氟沙星（氟哌酸）为白色至淡黄色结晶性粉末，在空气中吸收水分，遇光分解后，颜色逐渐变深。

3. 从价格上识别

俗话说，便宜无好货。如果某个厂家的产品比其他厂家的同类产品价格低很多，这样的产品要多加疑问。

第三节　生猪疫病综合防控技术

一、养猪场防疫技术

1. 养猪场消毒技术

消毒是控制猪病发生、传播的重要环节，其目的是消灭散在于环境中的病原体，以切断传播途径，阻止疫病的发生与蔓延。

（1）消毒剂选择

①选择消毒剂的一般原则：

A. 对人畜安全、没有残留性，对病原菌杀灭能力强、广谱高效、作用迅速，对环境及水资源无污染作用等。

B. 对金属、木材、塑料制品等设备无损坏作用，不易诱导病原体产生耐药性，也不会因环境中存在有机物、蛋白质如坏死组织、粪便等而影响杀菌效果。

C. 性质稳定，无易燃易爆性。

D. 使用方便，便于储存。

E. 价格低廉，便于购买。

目前的消毒药很难完全具备上述条件，因此应根据实际情况选择理想的消毒药品。

②目前常用消毒药的种类

A. 酚类及其衍生物：苯酚（石碳酸）、煤酚、煤酚皂液（来苏儿）、克辽林、菌毒敌、农福、福康、菌毒杀等。该类属石油化学的附属品，有特殊的气味，渗透力强，价格低廉，对一般的细菌、霉菌效果不错，但是对病毒、梭菌的芽孢杀伤力不足，适用于门口、水泥、砖砌的空栏畜舍、水沟及堆肥场的消毒。

B. 碱类：生石灰、氢氧化钠（烧碱）、氢氧化钾、碳酸钠等。烧碱（94％氢氧化钠）等是猪场最常用的碱类消毒剂，可用于清洗栏舍、饲槽前的消毒，同时可用于大门口、人车进出的大水池、畜舍门口的踏脚槽中。生石灰常用于畜舍死角消毒及用于覆盖死亡畜尸等。

C. 醛类：常用醛类有甲醛及戊二醛等，甲醛常用于浸泡、熏蒸消毒，戊二醛消毒效力强于甲醛，对任何细菌、病毒、霉菌及芽孢等有杀灭作用，可用于带畜消毒、空栏、洗手、用具、运输车辆、畜舍踏脚槽等的消毒，也可用于熏蒸消毒。

D. 卤素类：目前卤素类消毒剂包含两类，一类是含氯制剂，即漂白粉、次氯酸钠、二氧化氯，氯胺、二氯异氰尿酸钠（优氯净）等，如强力消毒灵，消特灵等，光谱杀菌，常用于饮水消毒及畜禽舍、用具、运输车辆、洗手等的消毒；另一类是含碘制剂，即碘伏（强力碘）、百菌消（碘酸混合溶液），该类消毒剂杀菌谱广，常制作成碘酊或碘液对皮肤、伤口消毒，同时可用于带畜消毒、畜禽舍空栏、洗手、用具、运输车辆等的消毒。

E. 氧化剂：高锰酸钾、过氧乙酸、过氧化氢、臭氧等，杀菌谱广，对细菌芽孢、病毒、霉菌等具有杀灭效果，常用于浸泡、喷洒、擦抹、喷雾等的消毒，同时可用于空栏消毒。

F. 醇类：70%酒精、碘酒、红药水、紫药水等，常可用于手术及外伤、局部伤口等的杀菌消毒。

G. 表面活性剂及其他：新洁尔灭、洗必泰、百毒杀、霉敌、环氧乙烷等。该类消毒剂常用于带畜消毒，也可用于空栏消毒、洗手、用具、运输车辆、进出口踏脚槽的消毒。

（2）消毒时间

规模化猪场应每隔 3d 对环境、栏圈进行 1 次消毒，每两周对全场进行 1 次彻底消毒。当发生疫情时，要及时地将病猪隔离，对于病猪产生的排泄物应及时的清理。对病猪接触过的器物、排泄物等进行彻底的消毒。消毒应及时，多次进行。在解除隔离猪舍后，应保持日消毒一次一段时间，以保证隔离猪舍的安全。

（3）消毒程序

①非生产区消毒

A. 猪场大门口消毒池：猪场大门口设置车辆进出通道，通道地面建立消毒池，池长 4~6m，2%的烧碱和 1%的菌毒敌或 3%的来苏儿等，每周更换 1 次。猪场大门口还应同时配备高压消毒枪，车辆进入前，对车体进行 1 次彻底消毒。

B. 人员消毒：猪场大门口设置专门的消毒通道、更衣室和洗手盆具。消毒室内上设紫外线灯，下铺有弹性的室外型塑料地毯，洒湿2%~3%氢氧化钠溶液（火碱水）或 1：800 氯制剂、1：500 消毒威或 1：300 菌毒灭，每天适量添加，每周更换 1 次。人手用 1：300 稀释的碘酸混合溶液或 1：300 稀释的菌敌涂擦，无须用水冲洗。人员在消毒室内停留 15~20min

后，换上场内备用的胶鞋和工作服，或使用猪场专用喷雾消毒设备或臭氧消毒设备。

C. 办公及生活区环境消毒：猪场办公及生活区应每周消毒 1 次，卫生间、食堂餐厅等必须每周消毒 2 次。疫情暴发期间每天必须 1 ~ 2 次。可用消毒威 1∶1 000 稀释或绿力消 1∶1 200稀释，1 ~2 月互换 1 次。

②生产区消毒：生产区内、舍外主干道应每日清扫，每周使用规定的消毒剂消毒 1 ~ 2 次，用高压喷雾器对道路、走廊、下水道、排污沟等喷洒消毒 1 遍。常用的消毒药有 2% 的火碱、5% 来苏儿溶液、百菌消（1∶800）等。场外有疫情威胁时，可提高消毒剂的浓度，增加消毒次数。场内局部发生疫情时，对有疫情猪舍外的道路可铺垫麻袋或装锯末编织袋，在其上泼洒消毒剂并保持其湿润。

坚持每天打扫猪舍，最好要用水冲洗，保持清洁卫生。舍内每周要用过氧乙酸、强力消毒灵、季铵盐等进行消毒，并要注意交替使用消毒剂，以防病原微生物产生耐药性。舍内用猪时，一般不必将猪赶出舍外，可采用喷雾消毒，把地面、空气和猪体一起消毒。当发生疫情时，要增加消毒次数，最好每天消毒 1 次。

全进全出的猪舍在新进猪前应进行彻底的消毒。彻底消毒应遵循以下程序：

A. 彻底清扫（机械性清除）：即清除猪舍内的粪便、垫料、剩余的饲料及彻底清除猪舍内的地面、墙壁、门窗、天棚、通道、下水道、排粪沟、猪栏、猪圈、饲料槽、水管、水箱、用具等上的污物，并将它们运出猪舍堆积发酵，进行无害化处理。再用水浸泡，然后用高压水枪冲洗。

B. 药物消毒：在彻底冲洗干燥后，进行药物消毒，常用2% 火碱洗刷消毒，不宜使用火碱消毒的金属物品可用 0.1% 新洁尔灭清洗消毒。消毒时，应有序进行，首先喷洒地面，然后喷洒墙壁，先由离门远处开始，喷完墙壁后再喷顶棚。喷洒消毒药时各个角落一定要喷到，使消毒药液作用于所有消毒物体的全部表面。经封闭 1d 后再开门窗通风，用清水刷洗饲槽，除去消毒药味。

C. 熏蒸消毒：为了彻底清除药物消毒后的死角，最好再进行烟熏或熏蒸消毒。可采用二氯异氰脲酸钠或三氯异氰脲酸粉烟熏剂进行烟熏消毒，$3 \sim 5g/m^3$，把药放在猪舍中间，不拆包直接点燃，密闭门窗 $8 \sim 12h$ 后，打开门窗，进行适当通风换气，即可投入使用。也可用福尔马林熏蒸消毒，每立方米空间用福尔马林溶液 $15 \sim 30ml$，高锰酸钾 25g，计算好用量后先将水和福尔马林混合（分点放药）于容器中，然后将事先用纸包好的高锰酸钾放入容器内，并用木棍搅拌一下，几秒钟后可见浅蓝色刺激眼鼻的气体蒸发出来。室内温度应保持在 15 ~18℃，关闭门窗 24h，然后打开门窗通风，空舍 $5 \sim 7d$ 后即可进入新猪群。

猪舍使用的小型器具可放入消毒液中浸泡消毒。消毒药可选用 0.5% ~1% 的菌毒敌、0.2% 的过氧乙酸、0.5% 的强力消毒灵、1% 的抗毒威等。生产区专用送料车应每 3d 消毒 1 次，可用 0.2% 过氧乙酸溶液、0.5% 强力消毒灵或 3% 来苏儿溶液喷雾消毒。

猪场内猪粪可用发酵池发酵后使用，或用 5% 氨水喷洒消毒，猪尿用漂白粉（100ml）尿液中加漂白粉3g，作用2h即可进行消毒。对污水的处理方法有沉淀法、过滤法和化学药物处理等方法，但在实际生产中需要几种方法结合起来，才能达到一定的效果。对猪场而言，先将污水引入沉淀池中，让其沉淀发酵，达到消毒的目的。用药物消毒可按每1L污水中加入漂白粉2～5g，拌匀后静止2h再排放。

猪场的供水设备、饮水器、水管及水箱等需用3%的漂白粉溶液（用含有效氯20%以上的漂白粉稀释而成）浸泡或冲洗消毒，或用百毒杀（1ml/10L）进行消毒。而猪的饮用水必须清洁无毒，需达到人的饮用水标准，饮用水消毒，可用消毒威2～15g/t水或绿力消4～15g/t水消毒。爆发急病时加大用量（日常用量加倍），特别是发生肠道疾病，如病毒性腹泻等，饮水中以0.8kg/t水添加碘酸，连续3d，可有效控制病情。

出售猪后要对出猪通道，装猪台以及猪只污染过的车辆、用具、地面清扫干净，用3%火碱喷雾消毒，也可用消毒威（1∶800）或绿力消（1∶1000），1～2月互换1次。

猪场有因病死亡的猪可采用掩埋处理或在专用焚化炉中焚烧处理。尸体掩埋处理应选择离猪场300m之外的无人区，找土质干燥、地势高、地下水位低的地方挖坑，深3m，长宽根据需要而定，坑底部撒上生石灰或烧碱，再放入尸体，放一层尸体撒一层生石灰，最后填土夯实。使用后的活疫苗空瓶子应放入专门的塑料收集桶中进行消毒处理，可用消毒醛1∶100稀释溶液、菌毒灭1∶100、绿力消1∶100稀释液。

猪场常用的注射器和针头，采用煮沸消毒法。其方法为将注射器和针头洗净，煮沸40min。常用的手术刀、手术钳、手术剪等手术器械可使用 0.1% 新洁尔灭溶液浸泡 5～10min 或先用碘酸 1∶150 稀释液浸泡刷洗后，再放入全安 1∶300 浸泡半天以上，取出用洁净水冲洗晾干备用。若同一器械要连续用于不同猪只时，可先用洁净水冲洗一下，再浸泡在碘酸 1∶100 稀释液中 2～3min，即可使用。

产房在进行装猪前先清扫灰尘、杂物，用清水冲洗干净，然后用每立方米 28ml 福尔马林、14g 高锰酸钾进行封闭熏蒸消毒 24h，后通风换气，然后再用火焰消毒器对金属分娩栏、保育栏或地面、四壁进行 1 次火焰喷烧。母猪进入产房前要进行体表消毒，并要用 0.1% 的温高锰酸钾溶液对外阴和乳房进行擦洗消毒或用 0.1% 新洁尔灭溶液、0.1% 过氧乙酸溶液或 0.1% 高锰酸钾溶液进行全身喷雾消毒。接产出的新生仔猪应擦干其口鼻及全身黏液，钝性切断脐带，伤口涂 3%～5% 的碘酊或在碘酸 1∶150 稀释液中浸泡一下。产后仔猪放在保温箱内，并于 10d 内坚持天天擦洗母猪乳房部位，对产床、用具、食槽等用三四种消毒药交替使用喷雾消毒。10d 以后每天进行 1 次消毒，至断奶。

仔猪舍进猪前应彻底清除粪便、灰尘和杂物，用高压清水冲刷干净，用每立方米 28ml 福尔马林、14g 高锰酸钾进行熏蒸，封闭 24h 后通风换气，以火焰消毒器消毒。将仔培舍所需用具一并在舍内用甲醛熏蒸 24h。装猪后每周带猪喷雾消毒 2 次，可用碘酸 1∶500 或全安 1∶500 喷雾消毒，最好几种消毒药交替使用。

对育肥猪舍每 2d 进行 1 次带猪喷雾消毒，用专用汽化喷雾消毒机喷雾消毒，喷雾水滴直径 80～100μm，使消毒剂水滴慢慢下降时与空气粉尘充分接触，杀灭粉尘中的病原微生物。可用消毒威1：1 200稀释或绿力消1：1 500稀释；暴发疾病时，消毒威1：800稀释，每天消毒1次。

猪床上的粪便应每天清理，每周用清水冲洗地面2次后，用3%火碱水消毒1次或用消毒威1：1 000稀释，3天1次。公猪采精完毕后，使用碘酸1：150均匀涂抹阴茎。每周带猪喷雾消毒2次，碘酸1：500或全安1：500喷雾消毒，最好几种消毒药交替使用。

生产区应设置单独的病猪隔离室，对怀疑异常的猪进行隔离治疗。每天使用消毒威1：800或菌毒灭1：300稀释消毒。发生呼吸道疾病时，可用碘酸1：300汽化喷雾消毒，10min后再开窗通风，让猪只充分吸入活性碘，直接作用肺泡，能有效控制和杀灭肺泡里的病原微生物，使呼吸道疾病得到有效的控制和减缓。发生肠道疾病，如细菌性或病毒性腹泻时，在饮用水中按0.8kg/t水添加碘酸，可收到很好的疗效。

2.养猪场免疫程序

猪病的种类很多，猪的某些传染病仍然是当前养猪业的大敌，而免疫接种是预防这些传染病的重要手段。现将危害规模化养猪的几种重要传染病的参考免疫程序作一简要介绍。

生猪免疫后，产生的抗体滴度和保护率，除了与疫苗质量相关外，主要还与猪品种、营养状况、免疫时猪的生理状况等相关。因此，各养猪场采用的免疫程序可能有差异，在此介绍以下常用免疫程序。

（1）仔猪免疫程序

①7日龄：猪喘气病疫苗，1头份；28日龄加免1次。

②14日龄：水肿—副伤寒二联苗，1～2ml/头。

③21 日龄：猪瘟，2 头份；56 日龄加免 1 次。

④21 日龄：猪瘟免疫同时接种猪丹毒—猪肺疫二联苗，1头份。

⑤24 日龄：链球菌苗，1 头份。

⑥30 日龄：伪狂犬缺失苗，1 头份。

⑦35 日龄：猪繁殖与呼吸综合征疫苗，1 头份。

⑧40 日龄：传染性胸膜肺炎疫苗，1 头份。

⑨口蹄疫：非免疫母猪所产仔猪从 21 日龄首免，30d 后加强免疫 1 次，100 日龄再接种 1 次；免疫母猪所产仔猪 40～50日龄首免，80 日龄二免。外购仔猪进场后隔离，48h 后接种，30d 后加强免疫 1 次，以后 100 日龄再免疫 1 次。

（2）后备猪免疫程序

①配种前 60d：猪繁殖与呼吸综合征疫苗，1 头份；两周后加强免疫 1 次。

②配种前 50d：猪链球菌苗，2 头份。

③配种前 45d：传染性胸膜肺炎疫苗，1 头份。

④配种前 40d：猪瘟苗，4 头份。

⑤配种前 35d：细小—乙脑二联苗，2 头份；两周后加强免疫 1 次。

⑥配种前 30d：伪狂犬缺失苗，2 头份。

⑦配种前 25d：口蹄疫苗，2 头份。

⑧配种前 20d：猪丹毒—猪肺疫二联苗，2 头份。

（3）母猪产前免疫程序

①产前 45d：细小—乙脑二联苗，1 头份。

②产前 40d：猪大肠杆菌苗，1 头份；产前 25d 加免 1 次。

③产前 35d：链球菌疫苗，2 头份。

④产前30d：伪狂犬缺失苗，1头份。

⑤产前25d：口蹄疫苗，免疫1次。

⑥产前20d：传染性胸膜肺炎疫苗，1头份。

⑦产前15d：猪传染性胃肠炎—流行性腹泻二联苗，2头份。

（4）母猪产后免疫程序

①产后10d：猪繁殖呼吸综合征疫苗，1头份；两周后加强1次。

②产后20d：猪丹毒—猪肺疫二联苗，2头份。

③产后28d：猪瘟苗，5头份。

（5）成年公猪免疫程序

①猪瘟：每年4月、10月，猪瘟苗，5头份。

②伪狂犬：每年4月、10月，伪狂犬缺失苗，2头份。

③口蹄疫：每年4月、10月，口蹄疫苗2头份；两周后加免1次。

④乙脑：每年4月、10月，乙脑苗，2头份。

⑤细小病毒：每年4月、10月，细小病毒疫苗，2头份。

⑥猪繁殖与呼吸综合征：每年4月、10月，猪繁殖与呼吸综合征疫苗，2头份；两周后加免1次。

⑦猪丹毒—猪肺疫：每年4月、10月，猪丹毒—猪肺疫二联苗，2头份。

⑧猪传染性胸膜肺炎：每年4月、10月，传染性胸膜肺炎疫苗，1头份。

⑨猪链球菌：每年4月、10月，链球菌苗，2头份。

（6）商品猪免疫程序：商品猪免疫程序可参照仔猪免疫程序执行。

（7）猪场免疫接种注意事项：为避免免疫失败、取得满意的免疫效果，应实施科学合理的免疫。

①疫苗购买：强制免疫的疫苗应向各级兽医防疫机构申领，其他猪病疫苗应向具有《兽药经营许可证》的兽药供应商购买，切忌盲目采购。领用或购买疫苗时，应带好冷藏箱，防止疫苗失效。

②疫苗选择：根据本地区和本猪场传染病的疫情情况，制定相应的免疫计划，合理安排各种疫苗的免疫间隔，不能盲目照搬其他猪场的免疫程序。

③接种准备：免疫接种前应详细了解猪群健康状况。瘦弱、患慢性病、怀孕后期或饲养管理不良的猪不宜免疫或者推迟接种。疫苗免疫前后可使用黄芪多糖等免疫增强剂。

④接种时机：注射疫苗应选择在晴朗天气进行，冬天气温低时应在中午接种，夏天气温高时应在早晚注射，免疫前应限饲，五成饱为宜。

⑤免疫途径：疫苗接种有肌肉注射法、皮下注射法、滴鼻注射法、口服免疫法、后海穴位注射法、气管内注射和肺内注射等接种方法，应按照疫苗说明的接种方法进行免疫。其中，肌肉注射是目前使用最多的一种免疫接种方法，应注意控制疫苗注射部位及进针深浅，注射不当常会导致注射部位出现肿块、影响接种效果；油乳剂类疫苗不宜皮下注射，否则易吸收不良或导致局部反应。

⑥接种方法：疫苗使用前应检查其名称、厂家、批号、有效期、物理性状、贮存条件等是否与说明书相符。液体疫苗使用前应充分摇匀，冻干疫苗加稀释液后充分摇匀后方可使用。正确选用优质高效疫苗，合理确定各种疫苗的免疫方式、免疫

剂量等。不可随意减少或加大免疫剂量以及滥用劣质疫苗。免疫接种应严格消毒，注射器应洗净煮沸，针头应逐头或逐圈更换；不能用同一注射器混用多种疫苗。吸取疫苗应更换针头，吸出的疫苗不应再回注瓶内。吸取疫苗前，用蘸有70%酒精的棉球消毒疫苗瓶口。疫苗注射部位用碘酊等消毒。注射病毒性活疫苗前后3d不能使用抗病毒药物，两种病毒性活疫苗的使用要间隔5~7d。免疫弱毒菌苗前后10d内不得使用抗生素及磺胺类等抗菌药物，也不要使用含抗生素成分的饲料和添加剂。

⑦疫苗储运：应严格满足疫苗储存温度、冷藏运输等储运条件，严防日晒、高温、受潮等。氢氧化铝、生理盐水等稀释液及油乳剂苗不能冻结。

⑧过敏处理：疫苗接种后，严重过敏反应时立即以肾上腺素等药物脱敏，以免猪只死亡。

⑨安全控制：弱毒活疫苗在首次使用地区或免疫纯种猪时，可能引起严重反应。为此，在全面开展防疫之前应对每批疫苗进行约30头猪的安全试验，并观察14d，确认安全后方可全群开展防疫。

⑩在病毒疫苗免疫1个月左右，应抽取免疫猪群血清，进行免疫抗体检测，监测免疫效果，以便适宜地调整免疫程序，必要时进行补免。

3. 养猪场寄生虫病综合防控技术

规模养殖方式除了保障畜产品安全外，最大限度地提高养殖效益。寄生虫病是降低养殖效益的主要因素之一，因此正确地预防寄生虫病是提高养殖效益的有效方法，尽量做到实施预防性驱虫取得最大的回报。

（1）规模猪场寄生虫病综合性防控方法：规模猪场的寄生虫病控制是一种综合性措施，主要包括以下几个方面。

①猪只引进：与预防其他疫病结合，提倡自繁自养。在商品猪场或需要从其他地方引进猪时，引进的猪应进行寄生虫病检测，根据检测结果选择相应药物驱虫，再检测确保安全后允许进场。

②环境卫生：种猪笼底部与地面有一定距离，种猪拉出粪便及时排出，尽量减少种猪接触粪便的机会。商品猪圈舍，粪便每天定时清除。坚持每周对圈舍实施消毒。

③饲料和饮水安全：购买的饲料及饲料原料应保证安全，饲料及原料应放在养殖场的上风处。饮水最好是自来水。使用地下水的猪场，应建水塔储存；如果是储水缸，平时将缸盖盖好。

④粪便安全处理：猪场粪便的安全处理既是预防寄生虫病又是解决粪污问题。建立沼气池，在具有一定规模的猪场还可以建立沼气发电站，可满足自身的能源需求，多余的还可以供给附近农户或入电网。经过沼气发酵后的粪便可以用作农家肥。猪粪进行干湿分离，粪渣采用堆积发酵或混入相应微生物制剂后发酵，发酵后的粪渣可用于农作物等。

（2）规模猪场寄生虫病检测与防治：猪规模化养殖与农户散养不同，猪感染的寄生虫病种类有较大差异，规模化养殖的管理水平和饲料结构等不同，猪感染的寄生虫病种类和感染强度也有较大差异。近年来我们对不同规模化程度的养猪场的寄生虫病进行了调查，结果表明，规模养猪场流行的主要寄生虫为猪蛔虫、毛首线虫、食道口线虫、猪疥螨等。各地因气候和饲料结构等不同，可能还有地方寄生虫病流行。

规模猪场寄生虫病防治除了以上综合性外，药物防治是主要措施。国内生产上采用的防治方法：一是传统"定期驱虫模式"；二是近年来我们建立的"定期监测防治模式"。两种方法各有优缺点，建议卫生条件和兽医条件等较差的猪场采用定期驱虫，卫生条件和兽医条件等较好的猪场采用定期监测防治模式。

①定期驱虫模式：母猪配种前 1～2 周和产前 2 周各驱 1 次虫，注意产前驱虫的药物一定要安全；仔猪 20～30 日龄和 2 月龄各驱 1 次虫；公猪每年进行 2～3 次驱虫。

②定期监测防治模式：通过监测猪场寄生虫病来实施预防性驱虫，即根据寄生于猪体内的实际情况来确定是否需要驱虫和选择药物驱虫，即定期监测→根据监测结果确定是否实施和选择药物进行预防性驱虫→驱虫后及时检测和评估驱虫效果。这种方法既可避免驱虫工作的盲目性，又能正确地选择药物来驱虫，保障预防性驱虫工作的效果。

（3）规模猪场抗寄生虫病药物选择：迄今没有一种抗寄生虫药物可以有效地防治畜禽的所有寄生虫病，即不同的抗寄生虫药物对不同种类的寄生虫病有效，所谓的广谱抗寄生虫药物是相对的广谱。因此，猪场防治寄生虫病时，应根据流行或监测到的寄生虫病种类选择相应的抗寄生虫病药物。同时，选用的药物和使用方法应符合兽药典、法律、法规等相关规定。

①定期驱虫模式：该模式是根据规模猪场流行的寄生虫病和饲养方式等而制定的相应驱虫程序。使用的药物建议选用广谱药物，即主要针对线虫病和疥螨病药物，如氯氰碘柳胺、碘醚柳胺、乙酰氨基阿维菌素等。

②定期监测防治模式：该模式是根据监测到猪场当时的寄生虫病情况来确定是否实施和选择相应药物实施预防性驱虫。预防猪的线虫病，可选择左旋咪唑、阿苯达唑、奥芬达唑、氯氰碘柳胺、乙酰氨基阿维菌素等；预防猪疥螨病，可选择氯氰碘柳胺、碘醚柳胺、乙酰氨基阿维菌素等；预防猪的线虫和疥螨病，可选择氯氰碘柳胺、碘醚柳胺、乙酰氨基阿维菌素等。

二、主要疫病及其防控技术

1. 猪瘟

猪瘟俗称烂肠瘟（Classical Swine Fever，CSF），是由猪瘟病毒（Classical Swine Fever Virus，CSFV）引起猪的一种急性、热性、高度接触性传染病，该病是威胁养猪业的主要传染病之一，以高热不退、全身性出血、淋巴结大理石样变、脾梗死、大肠纽扣状溃疡为特征。无年龄和季节区分，迅速流行，发病率和病死率都高。因常年免疫，多表现为隐性猪瘟、非典型猪瘟及温和型猪瘟。国际兽医局（OIE）将其列为 A 类动物传染病，我国将其列为一类动物传染病。

【流行病学】猪是本病唯一的自然宿主，病猪和带毒猪是最主要的传染源，各个年龄段的猪均可发病，感染猪在发病前即可从口、鼻、泪腺分泌物、尿和粪便中排毒，并持续整个病程。直接接触是本病的主要传播方式，此外病毒也可通过精液、胚胎、猪肉和泔水等传播，人、其他动物如鼠类和昆虫、器具等均可成为重要传播媒介，患病和弱毒株感染的母猪也可以经胎盘垂直感染胎儿，产生弱仔猪、死胎、木乃伊胎等。

【临床症状】根据临床症状可将本病分为最急性、急性、慢性和温和型四种类型。

（1）最急性型：主要表现为突然发病，全身痉挛，四肢抽搐，皮肤和黏膜发绀，倒地不起，很快死亡，一般出现在初发病地区和流行初期。

（2）急性型：病猪表现为精神沉郁、行动缓慢、头尾下垂、拱背、寒战、伏卧一隅或钻入垫草内、闭目嗜睡。发热，体温在40~42℃之间，呈现稽留热，猪早期有眼结膜炎，流脓性分泌物，将上下眼睑粘住，不能张开，鼻流脓性鼻液。初期便秘，干硬的粪球表面附有大量白色的肠黏液，后期腹泻，粪便恶臭，带有黏液或血液，或者便秘与腹泻交替出现，病猪的鼻端、耳后根、腹部及四肢内侧的皮肤及齿龈、唇内、肛门等处黏膜出现针尖状出血点，指压不褪色，腹股沟淋巴结肿大。

（3）慢性型：多由急性型转变而来。体温时高时低，食欲不振、精神萎靡，便秘与腹泻交替出现，进行性消瘦、贫血，生长迟缓，行走时两后肢摇晃无力，步态不稳。病猪常有皮肤损害，有的皮肤上有紫斑、丘疹或坏死及病猪的耳尖、尾端和四肢下部成蓝紫色或坏死、脱落，病程较长，最后衰弱致死，死亡率极高。

（4）温和型：也成为非典型猪瘟，又称非典型，无典型的症状变化。体温稽留在40℃左右，皮肤有淤血和坏死，食欲时好时坏，便秘与腹泻交替出现，病死率较高，也有耐过的，但是生长发育严重受阻。

【病理变化】

（1）急性型：全身皮肤、浆膜、黏膜和内脏器官有不同程度的出血。全身淋巴结肿胀，多汁、充血、出血，外表呈现紫黑色，切面如大理石状，肾脏色淡，皮质有针尖至小米状的出血点，脾脏出现特征性的梗死，以边缘多见，呈紫黑色小紫块，喉头黏膜及扁桃体出血。膀胱黏膜有散在的出血点。胃、肠黏膜呈卡他性炎症。大肠的回盲瓣处形成纽扣状溃疡。

（2）慢性型：主要表现为坏死性肠炎，回肠末端、盲肠和结肠常有特征性的坏死和溃疡变化，呈纽扣状。断奶病猪可见肋骨末端和软骨组织交界处，因骨化障碍而形成的黄色骨化线。

【临床诊断】根据本病流行病学特点、临床症状、病理变化即可作出初步诊断，确诊需做病原分离鉴定。

【预防控制】

（1）饲养管理与环境控制：确保猪舍温度适宜，养殖密度合理，猪群营养均衡。定期消毒，做好猪舍、用具、车辆、粪便、加工厂、道路和人员的定期消毒，并定期对消毒效果进行监测。做好养猪场（户）、加工厂的卫生、杀虫、灭鼠工作，减少 CSFV 侵入的危险性。

（2）免疫接种：建立合理的免疫程序，做好免疫记录和病史记录。

（3）自繁自养、全进全出：为避免由于引种不当造成的外来 CSFV 感染，应尽量做到自繁自养，并对不同饲养阶段的猪要全进全出，至少要做到产房和保育舍全进全出。引进种猪前，需确定种猪不带 CSFV 时方可引进，引进后隔离观察 1 个月，种猪到场 1 周左右接种 CSF 等各种疫苗，经证实完全健康时才可合群。

（4）定期检测抗体水平：做好 CSF 的免疫抗体检测，把握猪群健康信息，是减少 CSF 发生的重要手段。抗体水平达 1：32 为合格，根据免疫检测结果，确定免疫时机。若保护率低于75% 为免疫失败，需加强免疫或采取措施消除不稳定因素。坚决淘汰经多次接种后抗体水平仍很低的公、母种猪，减少 CSF

的隐性感染。

（5）淘汰带毒种猪：清除种猪群中的带毒种公、母猪，净化猪群是控制 CSF 的根本性措施，即对种猪群用荧光抗体法监测，检出并淘汰抗原阳性的带毒猪，逐步净化。在 CSF 污染场，全场所有公、母种猪逐头活体采扁桃体，进行 CSF 荧光抗体试验法检查，CSF 抗原阳性猪立即淘汰。每 6 个月 1 次，3 次左右可使 CSF 得到完全控制，且此种方法适用于全国各种规模的猪场。

（6）预防和控制免疫抑制性疾病：对于猪繁殖与呼吸综合征、伪狂犬病、喘气病、圆环病毒病 Ⅱ 型等免疫抑制性的疾病，在实际生产中应加强预防和控制。另外，霉菌毒素也能导致免疫抑制，故应采购优质的饲料原料，并在饲料中添加霉菌毒素处理剂。

（7）在疫区执行超前免疫：在本病的疫区应推行 CSF 超前免疫。对新生仔猪采用超前免疫的方法，执行 0、35、70 日龄免疫程序。作 CSF 超前免疫时要注意接种后的仔猪需隔奶 2h，期间注意保温并喂白糖开水，防止出现脱水和弱仔。

（8）应急措施：在 CSF 突发的情况下，应尽快将病料送检有关单位进行确诊、扑杀病猪、严格消毒、无害处理病死猪、对假定健康猪只紧急免疫接种，并在畜牧兽医主管部门的指导下，参照有关猪瘟防控技术规范进行其他防疫相关工作。

2. 高致病性蓝耳病

猪繁殖与呼吸综合征又称蓝耳病（Porcine Reproductive and Respiratory Syndrome PRRS），是由猪繁殖与呼吸综合征病毒（Porcine Reproductive and Respiratory Syndrome Virus，PRRSV）所引起猪的一种繁殖障碍与呼吸道症状的传染病。临诊特点

有：怀孕猪繁殖障碍（流产、死产、弱仔、产仔率低、再次发情时间推迟等）、发热、厌食及不同程度的呼吸困难，幼龄仔猪有严重的呼吸道症状和死淘率增高；大部分患病猪出现双耳发绀、青紫，故又称"蓝耳病"。OIE 将本病列为 B 类动物疫病，我国把其列为二类动物疫病。高致病性猪蓝耳病（High Pathogenic Porcine Reproductive and Respiratory Syndrome，HP-PRRS）是由 PRRSV 变异株引起猪的一种急性高致死性传染病，仔猪发病率可达 100%、死亡率可达 50% 以上，母猪流产率可达 30% 以上，育肥猪可发病死亡是其特征。

【流行病学】

（1）传染源：目前 PRRSV 已经传入并流行于世界大多数猪群中，病猪和带毒猪是主要传染源；康复猪在 15 周内可持续排毒，PRRSV 可在猪上呼吸道和扁桃体存活相当长时间（≥5 个月）。病猪、无症状的带毒猪、康复猪、病母猪所产的仔猪，可以通过鼻眼口的分泌物、死产胎儿胎衣及子宫排泄物、患病公猪的精液污染饲料、饮水、用具及环境均含有 PRRSV，具有传染性。

（2）传播途径：PRRSV 虽可通过多种途径传播，但空气传播是本病的主要传播方式。本病主要通过呼吸道或通过公猪的精液在同猪群间进行水平传播，也可以通过胎盘在母子间垂直传播。此外，风媒传播在本病流行中也具有重要意义，通过气源性感染可以使本病在 3km，甚至 20km 以内的猪场中传播。不能忽视鸟类、鼠类、人类及运输工具在本病传播中的作用。PRRSV 血清学阴性猪可通过口腔、鼻腔、肌肉内、子宫内、腹腔内接种感染，口、鼻的感染可能是自然感染的途径。

（3）易感动物：自然条件下，猪是唯一的易感动物，目前在许多国家的家猪和野猪均有报道。各种年龄猪对 PRRSV 都具有易感性，但以怀孕猪（特别是怀孕 90 日龄后）和初生仔猪最易感；育肥猪即便发病，症状也较缓和，造成生长率下降、死亡率增高、淘汰猪增多。性别和品种在易感性均无特异性。野鸭、野鸡、鼠类均可带毒，具有潜在的流行风险。

（4）流行特点：PRRS 新疫区多呈地方流行性、老疫区则多为散发性。本病没有明显的季节性，一年四季均可发生。PRRS 的流行除与猪群调运密切相关外，还与猪舍的大小、猪群饲养密度、空气质量、健康状况等有关。环境因素（如温度低、湿度大、日照少等）也能促进本病传播。PRRS 通常是随着主风向传播的，明显地呈"跳跃式"传播，距离可达 20km 以上。该病在猪群内传播极快，在 2 ~ 3 个月内一个猪群的感染率可达 95%。猪群内 PRRSV 的持续感染性也十分显著，PRRSV 往往在感染猪场内无休止地循环传播，新生或购入敏感猪也是持续感染的原因之一。因为疫苗弱毒从免疫猪到未免疫猪的扩散，以及影响 PRRSV 流行很多因素，一般难以对本病感染区域流行情况做出可靠估计。

高致病性蓝耳病的显著特征是产前一周发生流产或早产，生产成绩显著下降。在同一猪场内爆发本病停息后，又易再度爆发，其发病率显著增高。潜伏期因饲养环境不同有很大差异，不同毒株致病性的差异或许会造成不同的潜伏期。一般流行期为 70 ~ 100d，最长可达 4 ~ 6 个月。青年猪感染后症状较为温和，母猪和仔猪症状较严重，母猪的死亡率较低，乳猪的死亡率可达 75% 以上。本病在仔猪之间的传播比成年猪之间的传播更为容易。大流行后隐性感染病例增多，无临诊症状的猪也能传播本病，并持续数月。未感染 PRRSV 的地区一旦发生本病，发病风险就较高。

【临床症状】 与经典猪蓝耳病比较，高致病性猪蓝耳病的主要特征是发病猪出现41℃以上持续高热；发病猪不分年龄段均出现急性死亡；仔猪出现高发病率和高死亡率，发病率可达100%、死亡率可达75%以上，母猪流产率可达30%以上。

该病临床上可见发烧、厌食或不食；耳部、口鼻部、后躯及股内侧皮肤发红、淤血、出血斑、丘疹、眼结膜炎、咳嗽、喘等呼吸道症状；后躯无力、不能站立或摇摆、圆圈运动、抽搐等神经症状；部分发病猪呈顽固性腹泻。

【病理变化】 肉眼主要见肺出血、淤血，以及以心叶、尖叶为主的灶性暗红色实变；扁桃体出血、化脓；脑出血、淤血、软化灶及胶冻样物质渗出；可见心衰、心肌出血、坏死；脾、淋巴结新鲜或陈旧性出血、梗死；肾表面和切面部分可见出血点、斑等；部分猪肝可见黄白色坏死灶或出血灶；肾表面凹凸不平；肠出血等。由于本病毒可以引起免疫抑制，临床上容易出现其他病原体的继发感染或混合感染，使病理变化更加严重。

【临床诊断】 本病主要根据流行病学、临诊症状、病毒分离鉴定及血清抗体检测进行综合诊断。在生产的任何阶段只要出现呼吸道症状，发现有繁殖障碍，并且猪群性能表现不理想时，就应当考虑PRRS。但因为PRRSV常呈轻度或亚临床感染，所以当缺少临诊症状时，并不表明猪群无PRRSV感染。确诊则需进行实验室检测。

【预防控制】 由于本病传播快、传染性强、持续感染明显，发病后可在猪群迅速扩散和蔓延，给养猪业造成的损失较大，因此应严格执行兽医综合性防疫措施加以控制。控制蓝耳病，首先确定猪场的类型（可分为阳性/阴性场或受威胁区/稳定区，目前国内阴性猪场或稳定区较少），有针对性地采取干预策略，然后再谈净化。

（1）加强检疫：通过加强检疫，防止国外其他毒株传入国内，或防止养殖场内引入阳性带毒猪。检疫阳性猪只应根据国家相关法规规范及本场的流行情况，采取合理的处理措施。向阴性猪群中引入种猪时，至少应隔离 1 个月，并经 PRRS 抗体检测阴性后才能混群。

（2）加强饲养管理：加强饲养管理和环境卫生消毒，降低饲养密度，保持猪舍干燥、通风，创造适宜的养殖环境，减少生产应激因素。

阴性猪群或稳定区健康猪群应坚持自繁自养，减小健康猪同病毒接触，因生产需要从外引种时，应严格检疫，杜绝带毒猪引入易感猪群；配合严格的卫生消毒措施是可以建立一个完全没有由 PRRSV 感染的猪群。但这种做法在本病流行地区具有一定的危险性，当猪群因为没有抗体保护时，爆发本病往往是急性型，损失也很大；当受到疫情威胁时可进行灭活苗紧急免疫，并配合使用干扰素、转移因子或中草药等，降低疾病带来的风险。

对 PRRS 发病猪场可通过消除病猪、防止继发感染、消毒空栏猪舍来控制 PRRS。在断奶、育肥猪群中通常有较多数量的病毒存在，尤其应注重这些地方的消毒工作，以免病毒扩散到母猪群中，使得易感猪感染，造成更大的损失。

（3）全进全出的猪群流动模式：全进全出可有效控制断奶猪多种呼吸道病。为满足此生产要求，应改进猪场设施，将大舍分成若干独立小舍，舍间用实墙阻隔。做到每批猪一栋舍或几个小单元。防止日龄大、生长慢、体况差的猪与刚断奶的猪或新转群的猪混养。每批猪转出，整栋舍要彻底清扫、冲刷、消毒，不留死角和积粪，空舍 2 ~ 7d。

（4）疫苗免疫及综合防控：高致病性猪蓝耳病传染性强，流行期长，在一个地区内迁延数月无明显好转，常规抗生素治疗无明显疗效。进行疫苗免疫接种和采取综合防治措施是预防和控制最主要的手段。

疫苗免疫：对于非疫区、受威胁地区用灭活疫苗进行免疫预防是高致病性猪蓝耳病防控工作的关键，也是最佳选择。

综合防控措施：一是种源控制。应尽量自繁自养，严禁从疫区、发生疫情的饲养场引进种猪，种猪和精液在引进之前必须进行猪蓝耳病的检测。实行"全进全出"饲养模式，各阶段猪转出后，彻底消毒所在栏舍，空置 2 周以上，再进新猪。补圈要从健康地区引进，引进的种猪和补栏猪应当进行隔离观察，在隔离观察期间可用灭活疫苗进行基础免疫。二是搞好环境消毒，加强饲养管理。猪蓝耳病具有高度传染性，可通过粪、尿及腺体分泌物散播病毒。因此，每周至少带猪消毒 1 ~ 2 次，场区至少每月消毒 1 次。当周边有疫病流行时，带猪消毒每周应增至 4 ~ 6 次，场区一般每 2 周消毒 1 次。高温高湿季节，做好通风、降温。不饲喂发霉变质的饲料，做到饮水洁净无污染。猪的粪、尿应及时清除，并进行无害化处理。三是加强生物安全措施。规模养殖场，养殖小区要实行封闭管理，尽量减少人员的流动，禁止闲杂人员进入。做好出入畜舍等饲养场、人员及车辆的消毒。四是做好防疫管理与疫病监测。搞好免疫工作，防止猪圆环病毒 2 型、猪瘟、猪细小病毒、猪伪狂犬病等病毒性疾病以及猪支原体肺炎、猪喘气病、猪链球菌病等细菌性疾病与猪蓝耳病的混合感染。定期对保育猪和育肥猪进行血清学检测，检测病毒抗体。五是一旦发现疑似病例，应迅速报告，严格按照规范的要求进行处置。六是严格对病死猪采取"四不准一处理"处置措施，即不准宰杀、不准食用、不准出售、不准转运，对死猪必须进行无害化处理。七是加强蓝耳病防控知识宣传和培训，提高防治水平。加强养猪生产人员的技术培训，普及有关政策和疫病防治知识。消除恐慌心理，提高防疫意识。八是提倡集约化养殖。改变落后的家庭散养方式，尽快实现规模化、现代化、标准化的生猪生产和管理。

3. 口蹄疫

口蹄疫是由口蹄疫病毒（Foot and Mouth Disease Virus，FMDV）引起的以偶蹄动物为主的急性、热性、高度传染性疫病，以口腔黏膜、鼻镜、蹄冠、乳房等皮肤发生水疱和溃烂为临床特征。民间有"口疮""蹄癀"之称。口蹄疫很少感染人类，但人类接触或摄入污染的畜产品后，口蹄疫病毒会通过受伤的皮肤和口腔黏膜侵入人体而致病。世界动物卫生组织（OIE）将其列为必须报告的动物传染病，我国规定为 I 类动物疫病。猪是该病的易感动物之一，猪口蹄疫给养猪业带来的损失是严重的。

【流行病学】口蹄疫曾多次在世界上发生大流行，近几年在亚洲等地再次爆发，已严重影响本国本地区的农业发展和世界各国之间的贸易往来。FMDV 对 70 多种偶蹄兽易感，偶见于人和其他动物。本病传播途径多、传染性强，为多种动物共患，绵羊是 FMDV 的储存器、牛是发病的指示灯、猪是感染的放大器，在同一地区往往牛、羊、猪在同一时间内发病。牛、猪、羊感染后，症状最明显的是牛、最不明显的是羊，而感染后排毒最强的是猪。近年来，猪发生有扩大的趋势。在 FMDV 爆发流行期，发病率可达 100%，成年患畜死亡率在 5% ~ 20% 之间，幼畜的死亡率为 50% ~ 80%。该病传染快、流行广、发病率高，具有跳跃传播的特点。本病流行具有周期性，每隔 1 ~ 2 年或 3 ~ 5 年就流行 1 次，近年来流行性更频。患病的动物，发病初期可通过破溃的水疱、排泄的粪便、分泌物、乳汁、尿液、呼出的气体、精液等将病毒排出体外。

猪口蹄疫一年四季均可发生，但由于气温高低、日光强弱对 FMDV 的影响等，其流行呈现一定的季节性（秋季开始，冬季加剧，春季减轻，夏季基本平息），但这种季节性在农区或半农区不明显，猪一般秋末、冬春多发。病猪和带毒猪是最主要的传染源，尤其是发病初期的猪传染性最高；以直接接触或间接接触的方式传播，主要通过消化道、呼吸道以及损伤的皮肤和黏膜感染而发病。

【临床症状】

（1）商品肉猪：病猪以蹄部出现水疱为主要特征，病初体温升高，精神不振，食欲减少或废绝，舌、唇、齿龈、咽及鼻镜等处发生水疱；蹄冠、蹄叉、蹄踵等部出现局部发红，微热，敏感等症状；若无继发感染，一般 1 周左右可结痂自愈，若有继发感染，则形成溃疡，可发生化脓性和腐烂性炎症，严重者蹄壳脱落，患肢不能着地，常卧地不起，病猪鼻镜、乳房也常有烂斑。

（2）种母猪：口腔黏膜（舌唇、齿龈、咽、腭）及鼻周围出现水的水疱，水疱发生于鼻部并破溃转变成红色伤口，蹄叉和蹄踵、蹄冠等部位出现红、热、痛，不久出现米粒大至蚕豆大的水疱，破裂出血，糜烂。哺乳母猪乳头上的皮肤病变较为常见，有的母猪乳房上、乳头皮肤也出现烂斑。后期大水疱及慢性结缔组织增生。病母猪会因蹄冠部水疱溃烂疼痛而跛行。口腔发生水疱时，如果护理得当常呈良性经过，若继发感染导致蹄甲脱落，严重的继发感染会导致猪场一定的死亡。

（3）哺乳仔猪：通常呈现急性胃肠炎和心肌炎而突然死亡，尖叫，抽搐，痉挛嚎叫，死亡率高。病程稍长者，也可见口腔（齿龈、唇、舌等）及鼻面上有水疱和糜烂。

【病理变化】本病剖检可见口腔、蹄部的水疱和烂斑，咽喉、气管、支气管和前胃黏膜有时可见烂斑；心肌切面上有黄白条纹相间于红色心肌纤维间，称为"虎斑心"，心肌松软、似煮熟样。

按照防疫法规要求，对于烈性传染病一般不准随便剖检，必须焚烧或深埋，要想剖检必须是专业人员在严格消毒和控制污染的情况下，在有关专业部门的监督下才能进行。

【临床诊断】根据急性经过、呈流行性传播、主要侵害偶蹄兽、特征临诊症状等流行病学、病理剖检等可作出初步诊断。如要对流行的病毒的血清型进行鉴定，可采取病猪舌面水疱或猪蹄部水疱皮或水疱液，置50%甘油生理盐水中迅速送有关专业实验室鉴定。

【预防控制】

（1）加强综合防控和免疫接种：加强防疫综合措施是防控根本，免疫接种是综合防治措施的关键，生物安全措施是综合防治措施的核心。平时加强引种检疫工作，种猪需从无口蹄疫区引进，做好种猪和运输工具的消毒，引进的种猪需隔离30d

后方可入群。对所有猪、牛、羊等常见家畜进行 O 型和亚洲 I 型口蹄疫强制免疫，所有新生家畜初免后，间隔 1 个月左右进行 1 次强化免疫，以后每隔 4~6 个月免疫 1 次。但疫苗保护率不是 100%，并且 FMDV 可以持续感染，需开展免疫效果常规监测，及时补免并采取相应防治措施。

（2）疫情威胁情况下的防控：应做好猪场的消毒工作，严格的消毒措施是预防口蹄疫的有效方法。对于猪体可使 0.2%~0.5% 的过氧乙酸喷雾消毒，畜舍、场地和用具以 2%~4% 的烧碱液，或 10% 生石灰乳，或 0.2%~0.5% 过氧乙酸，或 1‰ 高锰酸钾，或其他高敏感的有机酸、复合醛类剂喷洒消毒；粪便堆积发酵，或使用 5% 氨水消毒。可以用与当地流行毒株血清型相同的口蹄疫合成肽疫苗等，注射假定健康的猪只，进行紧急免疫；疫情平息后，各年龄段猪只应该加强免疫 1 次。

（3）对经济价值较高的发病猪的治疗：猪发病后，应在严格隔离条件下，强化消毒、精心饲养、加强护理、对症治疗，同时防止继发感染。口腔病变者，可用食醋、0.1% 高锰酸钾、1%~3% 明矾水或硫酸铅溶液等清洗口腔，2~3 次/d，糜烂面上涂布碘甘油或撒布冰硼散；蹄部病变者，可用 3% 来苏儿或硫酸铜溶液洗净擦干后涂结晶紫溶液或松馏油、抗生素软膏等，绷带包扎；乳房病变者，用肥皂水或 2%~3% 硼酸水清洗，然后涂以青霉素软膏或其他刺激性较小的软膏。对恶性口蹄疫，除局部治疗外，可用强心剂和滋补剂如安钠咖、葡萄糖盐水等。对体质虚弱者，可考虑适当给予强心补液等，采取支持疗法，增强其抗病力。

4．伪狂犬病

伪狂犬病是由伪狂犬病病毒引起猪和其他动物的一种急性传染病。

【流行病学】猪、牛、羊、犬、猫、兔、鼠等多种动物，都可感染发病。本病一年四季都可发生，但以冬、春两季和产仔旺季多发。病猪、带毒猪及带毒鼠类是本病重要的传染源。病毒主要从病猪的鼻分泌物、唾液、乳汁和尿中排出。健康猪与病猪、带毒猪直接接触可感染本病。猪、猫、犬常因吃病鼠、病猪内脏经消化道感染。本病传播可经直接接触或间接接触，通过呼吸道黏膜、破损的皮肤和配种等发生感染。妊娠母猪感染本病时可经胎盘侵害胎儿，仔猪可因哺乳而感染本病。

【临床症状】猪感染本病常因年龄不同而表现不同的症状。新生乳猪感染时，眼眶发红，闭目昏睡，厌食，体温升高 41 ～ 41.5℃，精神沉郁，呕吐或腹泻，出现运动失调（转圈、侧卧、作划水状运动），肌肉痉挛性收缩，癫痫发作，角弓反张，仰头歪颈等神经症状。断奶仔猪还出现呼吸症状，打喷嚏，呼吸困难。出现神经症状的乳猪几乎 100% 死亡，发病的仔猪耐过后往往发育不良或成为僵猪。成年猪常为隐性感染，一般只表现出流产、死胎及呼吸症状，有的母猪分娩提前或延迟，有的产下死胎、木乃伊或流产，产下的仔猪初生重极小，生命力低下。

【病理变化】在一般情况下，本病不表现明显的病变，如果出现病变，在诊断上具有参考价值的是鼻炎，扁桃体水肿、坏死，咽炎和喉头水肿，肺水肿，喉黏膜和浆膜可见点状或斑状出血。淋巴结充血、肿大、间有出血，心内膜有斑状出血，肾点状出血，在胃底部可见大面积出血，小肠黏膜充血、水肿，有稀薄黏液附着，大肠呈斑块状出血，脑膜充血、水肿，脑实质有点状出血。病程较长者，心包液、胸腔液、脑脊液明显增多，肝表面有大量纤维素渗出和坏死灶。

【临床诊断】 根据临床症状难以对本病作出诊断，结合流行病学资料分析，可作出初步诊断，确诊需应进行病毒血清学、病理学检查。

【预防控制】 本病目前无特效的治疗方法，只有加强饲养管理，做好圈舍的消毒清洁工作防止本病的发生，包括隔离、消毒、灭鼠等相结合，将未受感染的母猪和仔猪以及妊娠母猪与已受感染的猪隔离管理，以防机械传播，在爆发本病的猪舍地面、墙壁、设施及用具等隔日消毒 1 次，用 3% 来苏儿喷雾，粪尿发酵处理，分娩栏和病猪栏用 2% 烧碱消毒，哺乳母猪乳头用 2% 高锰酸钾水洗后，才允许乳猪吃初乳。

疫苗免疫能有效预防本病，一般繁殖母猪只用灭活疫苗，育肥猪或断奶仔猪应在 2～4 月龄时用活苗或灭活疫苗免疫。我国利用引进的 K61 弱毒株试制的伪狂犬病弱毒冻干苗，已开始使用，乳猪第 1 次肌肉注射 0.5ml，断奶后再注射 1.0ml，3 个月以上的架子猪肌注 1.0ml，成年猪和妊娠母猪（产前 1 个月）肌注 2.0ml，免疫期 1 年。疫苗免疫仅限于疫区和受威胁区使用。对于感染的猪，可经腹腔注射抗猪伪狂犬病高免血清进行治疗，它对断奶仔猪有明显的效果。

5. 传染性胃肠炎

猪传染性胃肠炎是由猪传染性胃肠炎病毒引起的一种高度接触性肠道传染病。其特征为引起 2 周龄以下的仔猪呕吐、严重腹泻及脱水。

【流行病学】 各种年龄的猪均易感，2 周龄以内的仔猪死亡率高，5 周龄以上的猪很少死亡，成年猪几乎没有死亡。病猪和带毒猪是主要传染源。本病可通过消化道、呼吸道和空气传播。气温骤变能促进本病可发生。

【临床症状】仔猪的典型症状是剧烈的水样腹泻和呕吐，粪便呈乳白色或黄绿色，有恶臭。幼龄猪表现为严重的脱水症状，死亡率高；架子猪、育肥猪和成年猪的症状较轻，表现为食欲不振，水样腹泻，粪便呈灰色或褐色；哺乳母猪泌乳力下降，食欲不振，呕吐和腹泻。

【病理变化】死亡猪脱水，皮下组织干燥，急性卡他性胃肠炎，胃内充满凝乳，黏膜有时充血。小肠膨胀，肠壁菲薄，呈半透明状，肠内积有黄色泡沫性的液体，肠系膜淋巴结肿胀。

【临床诊断】根据流行特点、症状和病变可做出初步诊断。确诊需做病毒分离及免疫荧光等血清学检查。

【预防控制】尚无特异性药物治疗。有效的方法是提供温暖干燥的环境，防止饥饿，脱水和酸中毒，用口服电解质溶液和葡萄糖溶液结合抗生素的使用进行治疗。常发生本病的猪场可对怀孕母猪和出生仔猪用弱毒苗免疫。病猪可用盐酸吗啉胍片（每天 2 次，每次 0.1g，连用 5d）治疗，同时口服补液盐。新生仔猪口服康复猪的抗凝血或高免血清，每天口服 10ml，连用 3d，有一定的防治效果。

6. 红痢

仔猪红痢即猪梭菌性肠炎，又名仔猪传染性坏死性肠炎，是由 C 型产气荚膜梭菌毒素引起的仔猪的一种肠毒血症。本病主要感染 1 周龄以内的仔猪，以剧烈下痢，红色粪便，肠坏死，病程短，病死率高为特点。

【流行病学】本病发生于 1 周龄以内的仔猪，同窝猪几乎是全部感染。初生仔猪吮吸带菌母猪的乳房，皮肤或从被病原菌污染地面食入本菌而感染。

【临床症状】急性病例表现为正常分娩的初生仔猪突然发病，精神沉郁，拉红色水样稀粪，皮肤苍白，病程短，病死率高；病程长的，则呈间歇性或持续性下痢，消瘦而死。

【病理变化】本病的主要病变在空肠，回肠的出血性肠炎。病变肠段黏膜呈暗红色，肠腔充满浆液样和水样液体，肠系膜淋巴结鲜红色。病程长的病例，病变肠管以坏死性炎症为主，肠壁变厚，黏膜被黄色纤维性坏死膜覆盖，肠腔充满红色液体。

【临床诊断】根据流行特点、症状和病变可做出初步诊断。确诊则需进行病原分离鉴定和血清学实验。

【预防控制】由于本病病程短，发病急，治疗上很困难。在饲料中添加抗生素，搞好猪舍和周围环境的卫生和消毒，接生前清洗和消毒母猪乳房和乳头，母猪分娩前 30d 和前 15d 各肌肉注射仔猪红痢菌苗 1 次，也可给初生仔猪肌肉注射抗红痢血清，都可有效预防本病。

7. 仔猪黄白痢

仔猪黄、白痢均是由致病性大肠杆菌引起仔猪腹泻性传染病。仔猪黄痢是一种导致 1 周龄以内的仔猪发生急性、高度致死性疾病，以排黄色液体粪便，迅速死亡为特征。仔猪白痢是由致病性大肠杆菌引起的 2~3 周龄仔猪常发的一种急性肠道传染病，以白痢为特征。

【流行病学】仔猪黄痢发生于 1 周龄以内的仔猪，尤其是产后 2~3 日龄的仔猪，白痢主要发生于 2~4 周龄的仔猪。传染源是带菌母猪和受感染的仔猪，病原菌随其粪便污染环境，沾染母猪的皮肤和乳头，仔猪因吃乳到处乱舔而感染。黄痢的窝发率和病死率较高，白痢的发病率和死亡率均低。本病一年四季均可发生。

【临床症状】黄痢病猪精神沉郁，口渴，吸奶减少或停止，严重腹泻，粪便呈黄色，浆状，内含凝乳块甚至血液，严重脱水。白痢仔猪突然腹泻，排浆状，糊状，成白色或灰白色或黄白色腥臭粪便。

【病理变化】病猪主要症状是脱水和下痢。患黄痢仔猪排黄色稀粪，肠系膜淋巴结充血，肝、肾有坏死灶，小肠膨胀，内充满黄色浆液性液体。仔猪白痢临床上排出乳白色或灰白色并带有腥臭味的糨糊样稀粪，肠腔扩张，肠壁变薄，呈贫血状，肠管内容物多。

【临床诊断】根据发病特点、症状和病变可做出初步诊断。确诊需进行细菌的分离鉴定。

【预防控制】改善饲养管理条件是预防本病的必要条件。定期清洁和消毒猪舍及饲养用具，接产前后特别注意猪舍清洁卫生并清洗母猪乳头和乳房。药物治疗要选用敏感药物和难产生耐药性细菌的抗生素，或者服用微生态制剂。疫苗免疫常用灭活苗或弱毒活菌苗（如基因工程苗），给预产期前 15～30d 的怀孕母猪免疫。

8．痢疾

猪痢疾又叫猪血痢，是由猪痢疾密螺旋体引起猪的严重黏液性出血性腹泻的一种肠道传染病。

【流行病学】本病只发生于猪，各种年龄的猪均易感，以 20～80kg 的猪多发，哺乳仔猪和繁殖母猪少有发病。病猪和带菌猪为本病的传染源，健康猪会因直接或间接摄取了被污染的饲料或饮水等经消化道而受感染。本病无季节性，流行期长。

【临床症状】最急性病例表现为突然死亡。急性病例表现为精神沉郁，食欲不振，消瘦，粪便呈黄色或灰色水样，后期则带有血液和黏液，猪最终因下痢脱水而衰竭死亡。慢性病例长期下痢，生长发育受阻。

【病理变化】病变多局限于大肠，急性期以大肠黏膜充血、水肿为主，并被混有血液的黏液所覆盖，肠道呈暗红色；慢性病例形成假膜，内容物呈水样，有恶臭。

【临床诊断】根据发病情况、症状和病变可做出初步诊断，应用细菌学检查和血清学实验等进行确诊。

【预防控制】治疗特效药有卡巴氧、硫酸链霉素、林可霉素和青霉素类等。保持畜舍清洁、干燥，减少应激产生的外界因素能有效防止本病的发生。本病尚无疫苗可供预防。

9. 轮状病毒

猪轮状病毒病是由猪轮状病毒引起的幼龄猪急性肠道传染病，成年猪一般无明显症状，呈隐性感染。

【流行病学】仔猪及幼猪极敏感，患病的人、畜及隐性感染的带毒者都是传染源。病毒存在于肠道，随粪便排至外界，经消化道感染易感的人、畜。本病传播迅速，因寒冷易导致应激反应，冬季为多发季节。

【临床症状】病仔猪精神沉郁，食欲不振，发热，呕吐，腹泻，粪便呈黄色或灰色，水样或糊状，脱水。成年猪不表现出症状，为隐性感染。

【病理变化】病变主要限于小肠（特别是空肠和回肠），肠管变薄，肠内含有黄色水样物，几乎无固体物质。

【临床诊断】由于本病的临床症状与病变类似于传染性胃

肠炎和流行性腹泻等病毒性疾病，诊断很困难，确诊需采小肠做电镜、荧光抗体等检查。

【预防控制】目前对本病尚无特效治疗药物，也无有效的疫苗，主要靠加强饲养管理和卫生措施预防。病猪口服葡萄糖盐水或复方葡萄糖溶液，按体重 30～40ml/kg 口服，每天 2 次可减缓病症。

10. 猪喘气病

猪喘气病，又称猪支原体肺炎和猪地方流行性肺炎，是由猪肺炎支原体引起的猪特有的一种慢性接触性呼吸系统传染病。其临床主要症状表现为干咳、喘气和发育不良。病变特征是肺炎，肺尖叶、心叶、中间叶和隔叶前缘呈"虾肉样"实变。

【流行病学】猪肺炎支原体具有宿主特异性，只感染猪，且与年龄、性别和品种无关，只是乳猪和仔猪更易发病，其中以 2～4 月龄猪多发，症状严重，死亡率偏高，成年猪和母猪多呈隐性感染。本病无明显季节性，四季均有发生，但气候骤变，多雨和潮湿的环境发病率高。

【临床症状】本病多呈慢性经过，发病率高、死亡率低，主要症状表现为干咳，喘气，育肥猪咳嗽最严重，生长发育受阻，饲料报酬低，若与细菌或病毒性疾病混合感染，可表现严重的呼吸困难、食欲降低、体温升高等症状，耐过猪成为"僵猪"。

【病理变化】病变主要集中在肺脏，肺病变部位呈现出褐色、红色或紫红色，实变，呈"虾肉样"，前叶、尖叶和心叶病变区和健康组织界限清晰，通常右肺病变较左肺严重，肺淋巴结肿大充血；若继发细菌感染，在肺脏有化脓性炎症出现。

【临床诊断】 通过对其流行病学、临床症状与肺部特征性病变可做初步诊断，采用 X 光检查、血清学试验和病原的分离鉴定可确诊。

【预防控制】 预防本病可从加强饲养管理、保持环境卫生和疫苗免疫几方面着手。猪种引进必须进行检疫，阴性者方可引入，引入后应充分加强卫生管理。疫苗免疫可用猪喘气病弱毒菌苗作胸腔注射或肺内注射或灭活苗肌肉注射，对猪群进行检疫净化。每吨饲料中添加 100～200g 金霉素或添加 200g 林可霉素可预防猪的喘气病。治疗可用壮观霉素按体重 40mg/kg，肌肉注射，每天 1 次，5d 为一个疗程；泰乐菌素按体重 4～9mg/kg 肌肉注射，3 日为一个疗程也有一定的疗效。

11. 猪肺疫

猪肺疫是由多杀性巴氏杆菌引起猪的一种常见的传染病，又称猪巴氏杆菌病、猪出血性败血症。

【流行病学】 各种年龄的猪均可感染，但以 3～10 周龄仔猪多发。病猪和带菌的其他畜禽都是传染源。传播途径分为水平传播和垂直传播，猪经消化道和呼吸道食入或吸入被病原体污染的饲料、饮水等而感染。本病分布广泛，世界各地均有发生，多发于气候变化剧烈的季节，呈散发或地方流行性。

【临床症状】 最急性型呈败血症变化，表现为突然发病死亡，虚脱，高烧和高度呼吸困难，呈犬坐姿势，可视黏膜发绀；急性型见于已长大的猪，高烧，呼吸困难，咳嗽，腹式呼吸，先便秘后腹泻，有纤维素性胸膜肺炎症状；慢性型表现为慢性肺炎，偶有咳嗽，体温正常或偏低，有的出现关节炎、胃肠炎等症状。

【病理变化】咽喉部和颈部红肿坚硬，切开咽喉可见大量胶冻状淡黄色浆液；可视黏膜发绀，呈紫红色；颌下和颈部淋巴结显著充血、出血、肿胀；肺充血、出血、肿大，表面呈现出暗红色或灰黄色，切面呈大理石纹理状；慢性型常表现为胸膜粗糙，有点状出血，胸腔积有黄色混浊的液体，严重的胸膜与肺粘连，有的发生心外膜炎，心包液增多，心外膜出血等。

【临床诊断】根据流行病学、症状和病变可诊断为猪肺疫，确诊本病需进行细菌学鉴定。

【预防控制】加强饲养管理，避免或减少应激因素。常发区定期进行菌苗免疫，断奶后的猪用猪肺疫氢氧化铝甲醛菌苗皮下注射5ml，免疫期9月。猪群发病后应隔离、消毒并做好尸体无害化处理，新猪引进需隔离观察1个月以上再合群饲养。

最急性和急性病例采用抗血清和抗生素结合治疗。氨苄西林按体重5～10mg/kg，肌肉注射，每天2次，直到体温下降、食欲恢复为止；或10%磺胺嘧啶钠注射液，小猪20mg，大猪40mg，每天肌肉注射1次，或按体重70mg/kg，每天肌肉注射2次。

12. 细小病毒

猪细小病毒病是由细小病毒引起的以胚胎和胎儿感染及死亡而母体本身不显症状的一种母猪繁殖障碍性传染病。

【流行病学】猪是唯一的已知宿主，不同年龄、性别的家猪、野猪都可感染。细小病毒对猪的感染率与动物年龄呈正相关，常见于初产母猪。一般呈地方流行性或散发。病毒主要侵害新生仔猪和胚胎。感染本病的母猪、公猪及污染的精液等是本病的主要传染源。本病感染的母猪所产的死胎、活胎、仔猪

173

及子宫分泌物均含有高滴度的病毒。某些具有免疫耐受性的仔猪可能终身带毒和排毒。本病可经胎盘垂直感染和交配感染。公猪、育肥猪、母猪主要通过被污染的食物、环境，经呼吸道、消化道感染。另外，鼠类也可机械性的传播本病，出生前后的猪最常见的感染途径分别是胎盘和口鼻。

【临床症状】仔猪和母猪的急性感染通常都表现为亚临床症状。主要症状表现为母源性繁殖失能。感染的母猪可能重新发情而不分娩，或只产出少数仔猪，或产生大部分死胎、弱胎及木乃伊胎等。当怀孕中期胎儿死亡，胎儿在子宫内有被溶解和被吸收，母猪腹围减小。发生繁殖障碍的母猪除出现流产、死产、弱胎、木乃伊及不孕等现象外，大部分无其他明显亚临床症状。在一窝仔猪中有木乃伊存在时，可使怀孕期和分娩间隔时间延长，这就易造成外表正常的同窝仔猪的死产。大多数死胎、死亡仔猪或弱仔皮肤、皮下充血或水肿，胸、腹腔积有淡红色或淡黄色渗出液。肝、脾、肾有时肿大、脆弱或萎缩发暗，个别死胎皮肤出血，弱仔生后半小时先在耳尖，或在颈、胸、腹部及四肢上端内侧出现淤血，出血斑，半日内皮肤全变紫而死亡。

【病理变化】大多数死胎、死亡仔猪或弱仔皮肤、皮下充血或水肿，胸、腹腔积有淡红色或淡黄色渗出液。肝、脾、肾有时肿大、脆弱或萎缩发暗，个别死胎皮肤出血。

【临床诊断】如果发生流产、死胎、胎儿发育异常等情况而母猪没有什么临诊症状，同时有其他证据可认为是一种传染病时，应考虑到细小病毒感染的可能性。若要确诊，则必须依靠实验室诊断。

【预防控制】本病目前尚无有效的防治方法。所以无本病的各猪场在引进猪时应进行猪细小病毒的血凝抑制试验。当滴度 1：256 以下或阴性时，方准许引进。初产母猪在其配种前可通过人工免疫接种使获得主动免疫，在人工免疫方面，美国 1980 年已研制成一种灭活苗和一种弱毒疫苗。灭活苗的免疫期可达 4 个月以上。弱毒苗直接接种子宫内时对胎儿有致病性，因此只适用于未怀孕的初产母猪。

13. 猪丹毒

猪丹毒是由猪红斑丹毒丝菌引起猪的一种急性、热性传染病。临床上表现为三种：急性以败血症为主，亚急性在皮肤上出现疹块，慢性表现为多发性关节炎或心内膜炎。

【流行病学】不同年龄的猪均易感，3～6 月龄猪发病率最高。人可因创伤发生感染，称为类丹毒。病猪和带菌猪是传染源，主要经消化道感染，也可经损伤的皮肤和吸血昆虫感染，带菌猪在抵抗力下降时也可发生内源性感染。本病在夏季高温、多湿的地区多发，冬、春季散发。

【临床症状】急性败血型发病特征为突然爆发，急性经过和死亡率高。病猪体温突然升高至 42℃以上，食欲废绝，眼结膜充血，大便初期干硬附有黏液，后期出现腹泻，常混有血液，有的出现神经症状，抽搐，病猪耳、鼻、背、腹和腿外侧等处皮肤出现红色斑纹，经 2～4d 体温降至正常体温以下发生死亡，病死率 80%～90%，耐过的转为亚急性型和慢性型。亚急性型又称疹块型，病猪症状较轻，食欲减退，高热，皮肤表面出现大小不等的、坚实隆起淡红色的疹块，形状为方形、菱形或长方形，初期指压褪色，后期指压不褪色，一般预后良好。慢性型病猪常发生慢性关节炎、慢性心内膜炎和皮肤坏死。慢性关节炎造成猪运动不协调，关节肿胀，跛行；慢性心内膜炎表现为病猪消瘦、贫血，运动迟缓，心律不齐，多在死后才能发现；皮肤坏死即在病猪的背、肩、耳和四肢等皮肤出现色黑、干硬似皮革、局部肿胀的坏死，若无细菌感染，经2～3个月坏死皮肤脱落自愈。

【病理变化】急性败血型死亡猪全身皮肤紫红色，全身淋巴结充血肿大，脾肿大呈樱桃红色，切面外翻，肾淤血肿大呈暗红色，有出血点。肺淤血水肿，胃及十二指肠呈出血性炎症，心内外膜有小出血点，心包积水。

亚急性型除了皮肤有明显的病变外，内脏病变较轻。

慢性型慢性关节炎表现为关节内滑液膜表面呈淡红色，关节液增加，病程长的关节软骨崩溃，关节附近的淋巴结肿大出血。慢性心内膜炎病例则为房室瓣膜有灰白色蚕豆大小的呈菜花状增生物，其他脏器不表现明显的病变。

【临床诊断】诊断本病应进行流行病学调查，以及对可疑病例做细菌学检查，血液学检查以及动物接种试验。

【预防控制】加强饲养管理，做好卫生防疫工作，猪舍用具保持清洁，定期消毒，引入猪只应先隔离观察2～4周方可将健康猪合群饲养。常发地区在每年春、秋或夏、冬两季定期预防接种。目前，我国常用疫苗是 GC4、G4（10）、78（75）弱毒疫苗和氢氧化铝甲醛苗，免疫期均为6个月。仔猪在3个月龄时首免，以后每隔6个月免疫1次。另外，还可用猪瘟、猪丹毒、猪肺疫三联苗。

本病的特效药是青霉素，其次为四环素、土霉素、洁霉素、泰乐菌素、金霉素和红霉素等。青霉素对急性型病猪治疗时，先按体重1万 IU/kg 肌肉注射，连用3～5d。病情好转不能立即停药，以防复发或转为慢性。

14. 猪蛔虫病

猪蛔虫病是由猪蛔虫寄生于猪的小肠引起，各种年龄猪均可感染，是猪最常见的寄生虫病。

【虫体形态】猪蛔虫是一种比较大的寄生虫。虫体呈线棒状，体表光滑，两端较尖细，体长 15～40cm。

【虫体的发育过程和猪感染途径】寄生在猪小肠内的蛔虫产出的虫卵随粪便排出体外，虫卵在外界发育成幼虫，但幼虫仍在卵壳内。当猪吃到被蛔虫虫卵污染的饲料或饮到被虫卵污染的水而被感染，在猪小肠内幼虫钻入肠壁进入血液中，随血液流入肝脏，或经腹腔穿过肝脏，进入血液，然后随血流到肺脏，穿过肺泡，经细支气管、支气管到咽部，再吞入小肠发育至成虫。由于蛔虫虫卵外面有一层蛋白膜，它对外界环境抵抗力非常强，并且蛔虫的繁殖能力也特别强，并且每条雌虫每天可产 10 万～20 万个虫卵，故猪很容易感染蛔虫病。在小肠内的蛔虫，有时进入猪的胆道或胆囊内。

【临床症状和初步诊断】感染较轻时，猪一般不表现出临床症状。感染较严重时，初期表现为轻微咳嗽，体温可升高至40℃左右；以后表现出精神沉郁，体毛粗糙，营养不良，体表消瘦，呼吸加快，食欲时好时坏，发育成僵猪。感染严重时，病猪呼吸困难、咳嗽、呕吐、流口水、拉稀等症状。

寄生过多的蛔虫时，形成肠梗塞。病猪表现出疝痛，有的可能发生肠破裂而死亡。当蛔虫寄生于胆道时，病猪表现为拉稀，体温升高，无食欲，腹部剧痛。

【预防控制】

保持猪圈的卫生可以大大降低猪蛔虫病的感染率。若已感染蛔虫病，可口服虫净灵（四川省畜牧科学研究院兽医研究所）10mg/kg 体重，一次口服；左旋咪唑 10mg/kg 体重，一次口服；阿苯达唑 10mg/kg 体重，一次口服。

15. 猪疥螨病

猪疥螨病俗称"猪癞子"或"猪疥螨病"，是由猪疥螨寄生于猪皮肤的表皮下引起的。猪疥螨病是猪常见的疾病之一，特别是在规模化养猪场，白皮肤猪更容易见，并且传染性强。

【虫体形态】虫体非常小，呈龟形或圆形，暗灰色，在显微镜下，滴加甘油观察可见背腹扁平，头、胸、体融为一体，前端有蹄形的咀嚼式口器，背部有小刺和刚毛，腹面有 4 对足。

【虫体的发育过程和猪感染途径】疥螨的发育经四个阶段：即虫卵、幼虫、若虫和成虫，四个阶段均在猪体表上。猪皮肤表皮内的成虫产出虫卵，虫卵孵出三对足的幼虫，幼虫爬到皮肤表面，并在皮肤上打洞，在里面发育为若虫；若虫钻入皮肤，并发育为成虫。疥螨病是接触传染，即健康猪与病猪接触时感染。

【临床症状和初步诊断】猪的头颈部、尾部、会阴部及四肢下部为常发部位，常蔓延至背部及全身，引起皮肤发炎、发痒，进而引起水疱、脓肿，水疱破裂后渗出液体，液体流到哪里，疥螨也蔓延到哪里，并且液体在皮肤上形成痂块。病猪表现为奇痒，烦躁不安，不断地在圈壁上摩擦，白猪可见皮肤发红。

【预防控制】按 0.5mg/kg 体重，一次口服阿维菌素；7d 后重复口服 1 次；按药物说明书，将双甲脒配成溶液后，喷洒猪圈和猪体表患部，7d 后重复 1 次。

第四节 牛羊疫病综合防控技术

一、养殖场防疫技术

牛羊养殖场必须遵守和执行《中华人民共和国动物防疫法》《重大动物疫情应急条例》《动物检疫管理办法》等法律法规及地方主管部门制订的相关制度、措施等。根据奶羊场布局建立合理的消毒制度并严格执行。

1. 消毒技术

（1）环境消毒

①设在生产区门口通道，在顶部安装紫外灯，紫外灯管离地面约 2m。地面为消毒池，消毒池内放置 2%～3% 氢氧化钠或 0.2%～0.5% 过氧乙酸等药物，药液定期更换，以保持有效浓度。

②养殖场大门地面设消毒池，宽度为卡车通过，长约4.5m，深约0.2m。消毒池内放置氯制剂消毒液或 0.2%～0.5% 过氧乙酸等药物，药液定期更换以保持有效浓度。在门旁边，设醒目的防疫须知标志。

③圈舍周围环境及运动场每周用 2% 氢氧化钠或撒生石灰消毒 1 次；场周围、场内污水池、下水道等每月用漂白粉消毒1次。

（2）人员消毒：喷雾消毒和洗手用 0.2%～0.3% 过氧乙酸药液或其他有效药药液。

①在紧急防疫期间，应禁止外来人员进入生产区参观，其他时间须进入生产区时必须经过严格消毒，并严格遵守羊场卫

生防疫制度。

②饲养人员应定期体检，如患人畜共患病时，不得进入生产区，应及时在场外就医治疗。

（3）用具消毒：定期对饲喂用具、料槽、饲料床等进行消毒，可用0.1%新洁尔灭或0.2%～0.5%过氧乙酸；日常用具，如兽医用具、助产用具、配种用具、挤奶设备和奶罐等在使用前后均应进行彻底清洗和消毒。

（4）带畜环境消毒：由兽医技术员负责，定期用0.1%新洁尔灭、0.3%过氧乙酸，或1%次氯酸钠等对牛羊场进行带畜环境消毒，消毒时应避免消毒剂污染到牛羊奶。

（5）带畜消毒：挤奶、助产、配种、注射及其他任何对牛羊接触操作前，应先将有关部位进行消毒。

（6）生产区设施清洁与消毒：每年春、秋两季用0.1%～0.3%过氧乙酸或其他消毒剂对圈舍进行1次全面大消毒，睡床和采食槽每月消毒1～2次。饲料存放处要定期进行清扫、洗刷和药物消毒。

（7）圈舍卫生操作规范：运动场无石头、硬块及积水，每天要清扫圈舍、清洗食槽；粪便应及时清除出场作无害化处理。禁止在圈舍及其周围堆放垃圾和其他废弃物，病畜尸体及污水污物应进行无害化处理。夏季要做好防暑降温及消灭蚊蝇工作，每周灭蚊蝇1次。冬季要做好防寒保温工作。

（8）羊场消毒方式和消毒药物选择：羊场消毒常用方法主要有煮沸消毒和化学试剂消毒两种方法。其中，煮沸消毒主要用于器皿消毒，化学试剂消毒用途广泛。

（9）煮沸消毒：在无高压设备条件的部门，一般采用煮沸消毒方法。将需要消毒的器具直接放入铝锅内，加水至器具以上 3cm 处，加温至水沸腾后 30min，待水温下降至约 40°时后，方可使用。注意：将消毒的器具放入铝锅前，剪刀应张开；金属注射器将后部旋开，抽出活塞，各部件需清洗干净，玻璃注射器取出活塞，注射筒和活塞洗净；注射针头应检查是否阻塞，如果针头阻塞了，用更细的金属丝等将阻塞物捅出。

（10）化学试剂消毒：常用化学试剂有以下几种，根据应用范围不同使用浓度也不尽相同。

①氢氧化钠：又叫火碱、烧碱或苛性钠，对各种细菌、真菌、病毒、芽孢及寄生虫卵都有杀死作用，常配成 2%~3% 的热水溶液消毒圈舍地面、饲槽、用具和运输车辆等，当在其中加入 5%~10% 的食盐时，可增强其对炭疽杆菌的杀菌力。0.5%~1% 的浓度可用于畜体消毒和室内喷雾。注意：本品对金属物品有腐蚀性，消毒完毕要冲洗干净。对人畜的皮肤黏膜有刺激性，在使用过程中应避免直接接触人畜等消毒圈舍时，应先驱出羊，然后再进行消毒，消毒完毕后，隔半天用清水冲洗方可让畜禽进入。

②石灰乳：取生石灰 1 份加水 1 份制成熟石灰，然后加水配成 10%~20% 的混悬液即可用于消毒。石灰乳有较强的消毒作用，但不能杀死细菌的芽孢，适于消毒羊舍的地面、墙壁、羊栏、粪尿等。先将栏舍打扫干净，然后用石灰乳粉刷、喷洒。生石灰 1kg 加水 350ml 化开成的粉末，也可撒布在阴湿地面、粪池周围等处进行消毒。注意：使用石灰乳时要现配现用。圈舍内不宜直接撒生石灰，以免损伤蹄部或诱发呼吸道疾病。

③过氧乙酸：又叫过醋酸，是一种强氧化剂，消毒效果好，能迅速杀死细菌、病毒、真菌及芽孢，在高浓度和高温状态下会引起爆炸，浓度在20%以下一般无爆炸的危险。市售有16%～20%的过氧乙酸，配制成0.2%溶液用于浸泡受污染的各种耐腐蚀的玻璃、塑料、陶瓷用品；0.5%溶液用于喷洒消毒圈舍地面、墙壁、饲槽、运输车辆等。0.2%～0.3%溶液可直接在圈舍中喷雾，带羊消毒。注意：浓溶液会烧伤皮肤和黏膜，稀溶液也有一定的刺激性，使用时要做好人员的防护安全；低浓度过氧乙酸易分解，应现用现配。

④碘酒（碘酊）：杀菌作用很强，用70%～75%的酒精配制成2%～5%的碘酊，能杀灭细菌、病毒、霉菌和芽孢。一般用于手术部位、伤口的涂抹消毒，动物多用5%的浓度。

⑤酒精（乙醇）：70%～75%的溶液用于手、器械、皮肤、注射部位的涂抹消毒。

⑥来苏儿：对芽孢和分枝杆菌作用较小。常用于羊舍、用具、污物和饲养员消毒洗手。用其水溶液浸泡、喷洒或擦抹污染物体表面，使用浓度为1%～5%，作用时间为30～60min。对结晶核杆菌使用5%浓度，作用1～2h。为加强杀菌作用，可加热药液至40～50℃。对皮肤的消毒浓度为1%～2%。注意：本品对皮肤有一定刺激作用和腐蚀作用。

⑦新洁尔灭：具有低毒、无腐蚀性、性质稳定、能长期保存、消毒对象广、效力强、速度快等优点。一般使用0.1%的水溶液进行器械、饮水器、养殖器具、人员手部等消毒。注意：应注意避免与肥皂、高锰酸钾或碱类接触，否则会降低消毒效力。

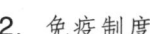

2．免疫制度

制定养殖场防疫制度，并严格落实和执行防疫制度是牛、羊健康养殖的重中之重。

（1）牛羊疫病监测

①结核病检测：根据《国际兽医局推荐的动物疫病诊断方法和生物制品要求手册》，采用"结核菌素"皮下注射，操作方法和判断方法按产品说明书实施，每年检测 2 次。

②布鲁氏杆菌病检测：采用《虎红平板凝集试验》，操作方法和判定方法按产品说明书进行，检测每年 6 月份进行。

③口蹄疫检测：采用"感染抗体检测 ELISA 试剂盒（NS）"和"免疫抗体检测 ELISA 试剂盒（VP1）"。

④寄生虫病检测：采用"家畜寄生虫病诊断新技术"检测，每年 4 月和 11 月各进行 1 次。了解牛羊感染寄生虫病的种类和程度，以便确定是否进行预防性驱虫和选择什么药物驱虫。

（2）疫苗选择和免疫方法

①口蹄疫 O 型、A 型灭活疫苗：预防牛、羊口蹄疫。方法及用量：6 月龄以上成年牛 2ml/头，6 月龄以下犊牛 1ml/头，首免后 1 个月后进行 1 次强化免疫，以后每隔 4～6 个月进行 1 次常规免疫。4 月龄至 2 岁羊每头注射 0.5ml，2 岁以上羊注射 1ml；每年春秋 2 季各免疫 1 次。

②牛传染性胸膜肺炎弱毒苗：预防牛肺疫，免疫期为 1 年。用生理盐水或 20% 氢氧化铝生理盐水稀释，按照说明书使用。

③牛巴氏杆菌病油乳剂疫苗：预防牛巴氏杆菌病（牛出血性败血病）。肌肉注射，犊牛 4～6 月龄初免，3～6 个月后再免

疫 1 次，每头注射 3ml。在注射疫苗后 21d 产生免疫力，免疫期为 9 个月。

④气肿疽灭活苗：健康牛免疫接种，预防牛气肿疽。不论年龄大小，牛颈部或肩胛后缘皮下注射 5ml，对 6 月龄以下免疫的犊牛，在 6 月龄时应再免疫 1 次。在注射疫苗后 14d 产生免疫力，免疫期为 1 年。

⑤牛传染性鼻气管炎弱毒疫苗：预防牛传染性鼻气管炎，适用于 6 月龄以上牛免疫。按疫苗注射头份，用生理盐水稀释为每头份 1ml，皮下或肌肉注射。间隔 30～45d 2 次注射免疫，免疫期可达 1 年以上，不会引起犊牛发病和妊娠牛流产。

⑥第Ⅱ号炭疽芽孢苗：预防各类牛炭疽。注射部位为颈侧部，皮内 0.2ml 或皮下 1ml，注射 14 日后产生坚强免疫力，免疫期为 1 年。

⑦小反刍兽疫苗（新疆天康）：商品羊只需要接种 1 次小反刍兽疫疫；种用羊，每隔 1 年半接种 1 次该疫苗，免疫有效期 1 年半。

⑧山羊传染性胸膜肺炎氢氧化铝苗：预防山羊传染性胸膜肺炎，每年春季或秋季免疫 1 次。

⑨羊四联苗或羊五联苗：预防快疫、猝狙、羔羊痢疾、肠毒血症、黑疫，每年春天（2～3 月）或秋天（9～10 月）2 次注射接种。

⑩羊链球菌氢氧化铝菌苗：预防山羊链球菌病，每年 3 月或 9 月各接种 1 次。

⑪绵羊痘鸡胚化弱毒苗：预防绵羊痘，每年 3 月注射 1 次。

⑫山羊痘细胞化弱毒苗：预防绵羊或山羊痘，每年 3 月注

射 1 次，免疫期可达 1 年。

⑬羊口疮弱毒苗：预防羊口疮，每年 6 月份于口腔黏膜注射 1 次。

⑭布氏杆菌（Ⅱ号）：预防羊布氏杆菌病，配种前 1~2 个月进行。

3. 牛羊寄生虫病防控技术

（1）常用驱虫药物与种类

①阿苯达唑：对线虫病效果较好，对吸虫、绦虫病效果不显著，比较安全。

②阿维菌素：只对线虫和疥螨病有效，毒性大。

③伊维菌素：对线虫和体表寄生虫病有效，对吸虫、绦虫和原虫病无效，比较安全。

④左旋咪唑：只对线虫病有效，比较安全。

⑤虫净灵：对肝片吸虫、线虫、疥螨病有特效，安全。

⑥氯氰碘柳胺钠：对片形吸虫、线虫和体表寄生虫病有效。

⑦硫氯酚、硝氯酚等：广谱驱虫药，前后盘吸虫病首选，但毒性大。

⑧吡喹酮：广谱抗吸虫和绦虫病药。

⑨三氯苯达唑：对片形吸虫病效果较好。

⑩三氮脒（血虫净、三氮脒）：对焦虫病效果好。

⑪地克珠利：对球虫病效果较好。

⑫氯苯胍：对球虫病效果较好。

（2）驱虫程序

①散养户：每年 3 月份、7 月份、11 月份各驱 1 次虫；3 月份驱虫以线虫为主，7 月份驱虫以驱线虫和绦虫为主，11 月

以驱吸虫、线虫、绦虫为主。

②规模化养殖场：每年检测 2～4 次，根据检测结果决定是否采取药物驱虫（寄生虫虫卵或卵囊的检测方法同猪寄生虫病的虫卵或卵囊检测）；一般羊场 15% 的片形吸虫虫卵 EPG（每克粪便虫卵数）大于 300；20% 羊的线虫虫卵 EPG 大于 1 000时，就选择药物进行预防性驱虫。如果未达到以上值，则到下次检测决定是否驱虫。

二、主要疫病及其防控技术

1. 口蹄疫

由口蹄疫病毒引起偶蹄动物的一种急性、发热性、高度接触性人兽共患传染病。本病特性是口腔黏膜、舌、蹄部和乳房皮肤发生水疱和溃烂。

【流行病学】流行快、传播广、发病急、发病率高、难控制、难消灭。偶蹄兽易感，人或健康牛羊接触了病畜的唾液、水泡液及奶汁，都可能受到传染病而发病。发病无明显季节性，呈跳跃式传播流行。主要通过消化道和呼吸道传染，也可经损伤的黏膜、皮肤感染。

【临床症状】

（1）牛的临床症状：潜伏期为 2～4d，最长达 7d。发病初期，病牛的体温升高到 40～41℃，精神委顿、食欲降低。1～2d 后流涎，涎呈丝状垂于口角两旁，采食困难。口腔检查，发现舌面、齿龈处有大小不等的水疱和边缘整齐的粉红色溃疡面。水疱破裂后，体温降至正常。乳头及乳房皮肤上发生水疱，初期水疱清亮，以后变混浊，并很快破溃，留下溃烂面，有时感染继发乳腺炎。蹄部水疱多发生于蹄冠和蹄叉间沟的柔软部皮肤上，若被泥土、粪便污染，患部会继发感染化脓，走路跛行。严重者，可引起蹄匣脱落。恶性口蹄疫是由于病毒侵害心肌所致，死亡率高达 20% ~ 50%。犊牛发病后死亡率很高，主要表现出血性肠炎和心肌麻痹（虎斑心）。

（2）羊的临床症状：绵羊和山羊病的潜伏期为一周左右。体温升高，少食或不食，精神沉郁，跛行、产奶量下降、常群发。常于口腔黏膜、唇内侧、齿龈、舌面、硬腭及蹄部皮肤上形成水泡。水泡破溃后留下浅表鲜红色湿润烂斑，干燥后形成黄褐色痂皮。蹄部严重时发生化脓、坏死甚至蹄匣脱落，发生跛行。乳房、乳头皮肤和鼻端等部位亦可发生水泡及糜烂。

【病理变化】

（1）牛：心外膜斑点状出血，心脏舒张脆软，心肌切面有灰红色或黄色斑纹，或者有不规则的斑点，即所谓"虎斑心"。患恶性口蹄疫时，咽喉、气管、支气管和前胃黏膜有烂斑和溃疡形成。

（2）羊：心外膜斑点状出血，心脏舒张脆软，心肌切面有灰红色或黄色斑纹，或者有不规则的斑点，即所谓"虎斑心"；咽喉、气管、支气管和前胃黏膜有烂斑和溃疡形成；肝大、淤血，发生凝固性坏死；肾肿大、充血，髓质可见小坏死灶；脑膜水肿、充血，镜检为非化脓性脑炎；小羊有出血性胃肠炎。

【预防控制】此病目前尚无特效疗法，重在预防，在受威胁区和疫区，应定期注射疫苗预防。一旦发生本病，首先应将疫情逐级上报有关单位，同时采取紧急措施。

2. 布病

牛羊布鲁氏杆菌病（简称"布病"）是由布鲁氏杆菌引起的一种人畜共患传染病，主要侵害羊生殖系统，引起母畜等流产、胎衣不下及不孕，公畜发生睾丸炎。人感染了布鲁氏杆菌后，突出表现为发热、寒战、多汗、关节疼痛、淋巴结及肝脾肿大，男性发生睾丸炎或附睾炎，女性可患卵巢炎，孕妇可流产。

【流行病学】本病无明显季节性，多呈地方流行性。患病牛、羊是本病的传染源，流产胎儿、胎衣、羊水及流产分泌物、粪便及精液内都含有大量病菌。可经动物的消化道、生殖道、呼吸道黏膜直接接触感染，也可通过被污染了的饲料、饮水、土壤等间接传染给易感动物。人通过与家畜的接触（如接产和人工输精）感染，或者服用了污染的牛奶及肉，吸入了含菌的尘土或菌进入眼结合膜等途径，皆可遭受感染。人与人之间不相互传染。

【临床症状】布鲁氏杆菌病的潜伏期长短不一，有的十几天，有的半年之久。此病的典型症状为流产，但多数病例呈隐性感染。怀孕母畜表现为食欲减退、喜饮水、精神萎靡，母牛常在怀孕5~7个月时发生流产，流产后排出污灰色或棕红色恶臭分泌液，已流产过的母牛如果再流产，一般比第一次流产时间要迟，且易因胎衣不下引发子宫内膜炎，导致不孕。母羊的流产发生于孕期第3~4个月。公畜常见的是睾丸炎和附睾炎，睾丸肿大疼痛，触之坚硬。布鲁氏杆菌病还可造成腕关节、跗关节及膝关节炎，出现跛行。

【病理变化】常见病变主要发生在生殖器官。胎盘绒毛膜下组织呈黄色胶样浸润、充血、出血、水肿、糜烂和坏死。胎儿皮下和肌肉有出血浸润，真胃中有淡黄色或白色黏液絮状物，脾和淋巴结肿大，肝出现坏死灶，肠胃和膀胱黏膜及黏膜下可见有出血斑点。公畜患病发生化脓性坏死性睾丸炎和附睾

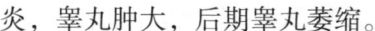

炎，睾丸肿大，后期睾丸萎缩。

【临床诊断】主要根据临床症状和病理变化可做出初步诊断，进一步确诊需做实验室诊断，包括病原学检查和血清学检查。血清学检查常用虎红平板和试管凝集试验进行判定。

【预防控制】加强预防检疫，坚持自繁自养，对必须新购入的家畜要检疫合格，并隔离饲养 1 个月，做 2 次布鲁氏杆菌检疫，确认健康后，可并群饲养；种公畜在配种前要进行 1 次检疫。养殖场每年需做 2 次检疫，检出阳性全部淘汰，进行扑杀、深埋或火化等无害化处理，病畜污染的环境用 10%～20% 石灰乳或 3% 苛性钠消毒，可疑阴性牛、羊隔离饲养，逐步淘汰，净化牛、羊场。

布鲁氏杆菌病没有好的药物进行治疗，对布氏杆菌病发病地区或受威胁地区，进行定期预防接种。

3. 结核

牛、羊结核是由结核分枝杆菌引起人、畜、禽共患的一种慢性传染病。病原主要有 3 种致病分枝杆菌，即人型、牛型和禽型。人型结核分枝杆菌可造成人、牛、羊、猪、狗和猫等与人类密切接触的动物发病。牛分枝杆菌可感染不同种属的动物，如有蹄动物、食肉类动物、灵长类动物等 50 多种，该菌对奶牛的毒力较强，其次是水牛和黄牛，也是羊结核的主要传染源。禽分枝杆菌可引起鸡、人、牛、羊、猪和马发病。

【流行病学】病畜是牛结核病的主要传染源，分枝杆菌随病畜的乳汁、粪便、尿及呼吸道分泌物等排出体外，健康牛羊与病畜接触时，或食入被病原菌污染的饲料、饮水等后感染。饲养管理不良，如厩舍阴暗、通风不良、牛群拥挤、密度过大、饲料营养缺乏和环境卫生差等，都可加快本病的传播。健康家畜可通过呼吸道、消化道、生殖道或胎盘感染。

【临床症状】

(1)牛：在感染前期，结核病牛不表现出临床症状，但在感染后期，常表现出体弱、厌食、消瘦、呼吸困难、淋巴结肿大、咳嗽等症状。

(2)羊：病羊体温多正常，有时稍升高，消瘦，被毛干燥，精神不振，多呈慢性经过。当患肺结核时，病羊咳嗽，流脓性鼻液；当乳房被感染时，乳房硬化，乳房淋巴结肿大；当患肠结核时，病羊有持续性消化机能障碍，便秘，腹泻或轻度胀气。羊结核急性病例少见。

【病理变化】病畜表现为尸体消瘦，黏膜苍白，在肺脏、肝脏和其他器官以及浆膜上形成特异性结核结节和干酪样坏死灶；干酪样物质趋向软化和液化，并具明显的组织膜是山羊结核结节的特征；原发性结核病灶常见于肺脏和纵隔淋巴结，可见白色或黄色结节，有时发展成小叶性肺炎；在胸膜上可见灰白色半透明珍珠状结节，肠系膜淋巴结有结节病灶。

【临床诊断】根据流行病学、临床症状等可初步怀疑，但确诊需实验室病原分离。

【预防控制】定期采用结核菌素变态反应试验、结核病诊断试纸条等对牛、羊进行检测，发现阳性反应者及时向相关机构报告，经动物防疫监督机构进行调查核实确诊后，及时扑杀、隔离畜群，并对污染环境进行消毒，该畜群按污染群处理。疑似结核病牛、羊要隔离饲养、观察、复检。

4. 腐蹄病

牛的腐蹄病由坏死梭杆菌引起。羊的腐蹄病是由坏死梭杆菌和节瘤拟杆菌协同感染引起，二者均造成病畜趾间及其周围

软组织变性坏死的一种慢性传染病

【流行病学】

（1）牛：坏死梭杆菌广泛存在，牛的皮肤、黏膜或消化道一旦发生损伤，就可能感染发病。牛群密集拥挤，在碎石、煤渣地上干活，或长期在低洼潮湿地放牧，采食带刺植物等，均可促使本病发生。新生犊牛可经胎盘感染。

（2）羊：羊的腐蹄病一年四季都可发生，在我国，多发于潮湿多雨的季节；羊群各年龄段都有发生，但随着年龄的增长发病率降低。

【临床症状】

（1）牛：潜伏期 1～3d；常见症状有腐蹄病、坏死性口炎、坏死性皮炎、坏死性肠炎等。

（2）羊：潜伏期数小时至1～2周，一般1～3d，发病后数小时出现跛行，趾间隙和蹄冠部出现肿胀、发热、皮肤出现小的裂口，有难闻的恶臭气味，裂口表面有伪膜覆盖；而后向周边蔓延至球节以上，病肢不愿负重，严重者卧地不起，引起全身症状。

【病理变化】在病变部位形成化脓性坏死灶。

【预防控制】加强饲养管理，奶牛补充充足营养（钙、磷和维生素），保持圈舍卫生、干燥；定期用5%～10%硫酸铜溶液进行浴蹄；选用腐蹄病疫苗进行免疫接种。治疗：手术清除化脓性坏死灶，用双氧水或0.1%高锰酸钾溶液进行清洗，再外用30%鱼石脂软膏，必要时可打绷带；可选择10%硫酸铜或3%甲醛溶液对发病部位进行喷雾治疗；同时，用林可霉素、洁霉素、强力霉素、阿莫西林、氨苄西林或头孢唑啉进行全身治疗。

5. 瘤胃胀气

牛羊瘤胃胀气是由于瘤胃内充满气体，不能及时排出，导致瘤胃鼓胀，呈现反刍和暖气障碍的一种疾病。

【流行病学】 病因分原发性和继发性两种。原发性瘤胃臌气分包括泡沫性胀气和非泡沫胀气。前者多是由于采食了大量易发酵、产气的新鲜豆科牧草，如苜蓿、豌豆秸等，在瘤胃内的糊状食糜中产生大量气体，积于瘤胃内，致使瘤胃过分充满而发生膨胀。后者多是因采食了一般性产气的青草如幼嫩多汁的青草、沼泽地区的水草、霜冻饲料等，在瘤胃内新产生大量气体，并能从糊状食糜中分离出来形成不含泡沫的胀气。继发性瘤胃胀气，继发于某些疾病之后，是该疾病的一种临床症状。如食管阻塞、麻痹或痉挛、创伤性网胃炎等。

【临床症状】

（1）牛：急性症状多见几分钟或几十分钟内发病，表现为病初频繁暖气，而后暖气停止，突然肚胀，左肷部明显增高，触诊瘤胃紧张有弹性，叩诊如鼓音，反刍当停止，听诊瘤胃蠕动音减弱，站立不安，呼吸困难，每分钟 60 ~ 80 次，心音初期亢进，后期减弱，脉搏快而弱，可达 100 次/min 次以上，静脉怒张。后期出现呻吟，步样不稳或卧地不起，重者出现窒息或死亡。继发性瘤胃胀气相对于急性胀气来说，发病缓慢，出现瘤胃鼓胀，但症状较轻，多随原发病的变化而变化。

（2）羊：原发性瘤胃臌气通常因采食易发酵的饲草或放牧后数小时发生，继发性瘤胃臌气，多数见在饲喂 12h 后易发。主要表现反刍、暖气停止，食欲不振，肷部鼓胀、腹部疼痛，不断回望，后肢踢腹，呼吸困难，张口呼吸。叩诊有鼓音，按

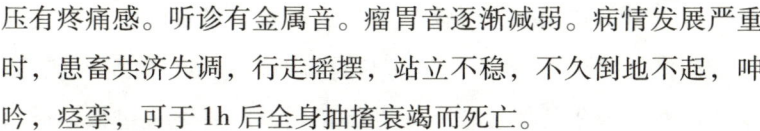

压有疼痛感。听诊有金属音。瘤胃音逐渐减弱。病情发展严重时，患畜共济失调，行走摇摆，站立不稳，不久倒地不起，呻吟，痉挛，可于1h后全身抽搐衰竭而死亡。

【病理变化】死后立即剖检，瘤胃内有大量气体或含泡沫状的内容物。死后数小时剖检，瘤胃内容物无泡沫，间或有瘤胃或膈肌破裂。瘤胃内黏膜有出血，肺脏充血，心包及浆膜（胸膜）上有小点状及线状充血，肝脏和脾脏被压迫呈贫血状态。

【临床诊断】根据采食情况、临床症状和病理变化可做出判断。牛的瘤胃胀气可采用胃管探诊，插入胃管后如为非泡沫性胀气，气体可从胃管逸出，胀气消除；如为泡沫性胀气，气体很难逸出，只有抽出含有泡沫的液体；如为继发性鼓胀，可从胃管逸出气体，但拔出胃管后，胀气又反复出现，其中食管堵塞胀气，堵塞物推入到胃内后，气体逸出，胀气可消除。

【预防控制】加强饲养管理，合理搭配饲料，平时限量饲喂易发酵饲料，禁喂霉变腐烂的饲料；防止牛羊贪食过多幼嫩多汁的豆科牧草，在舍饲转为放牧时，应先喂些干草或粗饲料；适当限制在牧草幼嫩茂盛的牧地和霜露浸湿的牧地上的放牧时间。

治疗：以排气消胀、止酵、泻下，恢复瘤胃机能为原则。症状较轻者用鱼石脂，羊2～5g/次，或硫化镁每次30g，混水溶解，1次性灌服。症状较重羊取液状石蜡每次100ml，鱼石脂每次2g；酒精每次100ml，上述药物混合水适量，1次性灌服；牛20～30ml松节油，鱼石脂15～20g和酒精100～200ml组成合剂或250～500ml菜油水或液状石蜡，一次性口服，必要情况下可重复用药。病情危急，甚至有窒息危险的，建议手术穿刺排气，牛在脊突与穿刺点的腹壁间呈60°角用力刺入；羊选择左肷部胀气部位较高处进行穿刺，放气不宜过快，排气完后，通过套管针或粗针头向内注射止酵防腐药物。继发性瘤胃胀气，在找准病因后，对原发病进行治疗，同时可借鉴上述办法进行排气。

6. 牛流行热

由牛流行热病毒引起的急性热性传染病，主要症状为高热、流泪、泡沫样流涎、鼻漏、呼吸急迫、后躯活动不灵。

【流行病学】该病主要侵害牛、黄牛、乳牛、水牛均可感染发病。以3～5岁壮年牛、乳牛、黄牛易感性最大。水牛和犊牛发病较少。病牛是该病的传染来源，吸血昆虫的叮咬为自然条件下传播方式，以及与病畜接触的人和用具的机械传播也是可能的，其流行季节为很严格的吸血昆虫盛行时期，吸血昆虫消失流行即宣告终止。

【临床症状】潜伏期为3～7d。本病特征是突然发高烧40℃以上，连续2～3d后体温恢复正常。在体温升高的同时，可见流泪，有水样眼眵，眼睑、结膜充血，水肿。呼吸促迫，呼吸次数每分钟可达80次以上，呼吸困难，患畜发出呻吟声，呈苦闷状。病畜震颤，恶寒战栗，食欲废绝，反刍停止。第一胃蠕动停止，出现鼓胀或者缺乏水分，胃内容物干涸。粪便干燥，有时下痢。四肢关节浮肿疼痛，病牛呆立，跛行，以后起立困难而伏卧。皮温不整，特别是角根、耳翼、肢端有冷感。另外，颌下可见皮下气肿。流鼻液，口炎，显著流涎。口角有泡沫。尿量减少，尿浑浊。妊娠母牛患病时可发生流产、死

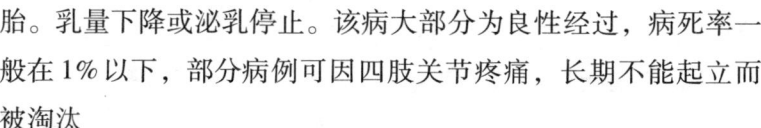

胎。乳量下降或泌乳停止。该病大部分为良性经过，病死率一般在 1% 以下，部分病例可因四肢关节疼痛，长期不能起立而被淘汰

【病理变化】气管和支气管黏膜充血和点状出血，黏膜肿胀，气管内充满大量泡沫黏液，肺显著肿大，有程度不同的水肿和间质气肿；全身淋巴结充血，肿胀或出血；真胃、小肠和盲肠黏膜呈卡他性炎和出血；关节肿胀，腔内有较多炎性渗出液。

【预防控制】切断病毒传播途径，针对流行热病毒由蚊蝇传播的特点，可每周 2 次用杀虫剂喷洒牛舍和周围排粪沟，以杀灭蚊蝇。另外，针对该病毒对酸敏感，对碱不敏感的特点，可用过氧乙酸对牛舍地面及食槽等进行消毒，以减少传染。

对于本病目前没有特效药物，高热时，肌肉注射复方氨基比林 20~40ml，或 30% 安乃近 20~30ml。重症病牛给予大剂量抗生素，常用青霉素、链霉素，并用葡萄糖生理盐水、林格氏液、安钠咖、维生素 B_1 和维生素等静脉注射。对于因高热脱水引起内容物干涸的，可静脉注射林格氏液或生理盐水 2~4L，并向胃内灌入 3%~5% 的盐类溶液 10~20L。

7. 牛病毒性腹泻

牛病毒性腹泻 - 黏膜病是由病毒引起牛的一种广泛传播的接触性传染病。其特征是发热、鼻漏、腹泻、咳嗽、消瘦、白细胞减少、消化道和鼻腔黏膜发生糜烂和溃疡及淋巴组织显著损伤。

【流行病学】自然条件下牛、水牛对本病易感，幼龄牛易感性较高，成年牛对本病抵抗力较强。牛感染后可产生坚强的免疫力。该病呈地方性流行，一年四季均可发生。

【临床症状】本病潜伏期7～21d；急性型多见于幼犊，表现为高热，体温40.6～42.2℃，持续2～3d，有的呈双相热型。水样腹泻，粪带恶臭，含有黏液或血液。大量流涎、流泪，口腔黏膜和鼻黏膜糜烂或溃疡，严重者整个口腔覆有灰白色坏死上皮，呈煮熟状。引起孕牛流产，犊牛先天性缺陷慢性型较少见，病程2～6个月，有的达1年。发热不明显，典型症状为鼻镜溃烂。蹄叶炎，趾间皮肤坏死、糜烂，跛行。妊娠牛感染后常发生流产，或产出先天性缺陷犊牛。最常见的是小脑发育不全，瞎眼，共济失调。

【病理变化】整个消化道黏膜充血、出血、水肿和糜烂，特征性损害是食道黏膜呈条索状糜烂，胃黏膜水肿和糜烂，肠淋巴结肿大；小肠急性卡他性炎症，空肠和回肠严重；流产胎儿的口腔、食道、真胃和气管黏膜可能有出血斑及溃疡。

【预防控制】目前尚无有效疗法，发病后应用收敛剂和补充体液，配合抗菌药物控制继发感染可以减少损失。预防上，我国已生产一种弱毒冻干疫苗，可接种不同年龄和品种的牛，接种后表现安全，14d后可产生抗体并保持22个月的免疫力。同时，在引进种牛时应严格检疫，防止引入带毒牛。一旦发生该病，对病牛必须及时隔离或急宰，防止扩大传染。

8. 牛炭疽病

牛炭疽病是由一种由炭疽杆菌引起的急性、热性和败血性传染病。其特征是病牛皮下和浆膜下组织呈出血性浸润，血凝不全，脾脏肿大，常呈最急性和急性经过。本病可传染给人。

【流行病学】各种家畜和野生动物都可感染，其中草食兽最易感；病畜的血、内脏和排泄物中的大量菌体对环境、水源造成污染；本病经消化道传播；此外，经皮肤、昆虫叮咬也可感染。

【临床症状】潜伏期 1~5d；最急性病例，可视黏膜发绀，呼吸困难，天然孔出血，血凝不全。

【病理变化】牛表现为急性败血症，天然孔出血；脾脏大几倍，血不凝固，脾髓及血为煤油样；内脏浆膜可见出血斑点，皮下胶样浸润。禁止现场解剖。

【预防控制】病死畜焚烧及深埋；与病死动物接触过的人畜应该注射免疫血清；疫区或受威胁区每年注射炭疽芽孢苗。

9. 牛巴氏杆菌病

牛巴氏杆菌病是一种急性、热性、全身性传染病。本病又叫牛出血性败血症。其特征是发病突然、肺炎、急性胃肠炎和内脏的广泛性出血。

【流行病学】多杀性巴氏杆菌为牛上呼吸道的常在菌，牛扁桃体带菌率为 45%，一般不呈现致病作用。溶血性巴氏杆菌不常从正常牛上呼吸道分离出来，有时以非致病性的血清Ⅱ型存在于上呼吸道。在应激因素（如牛舍通风不良、运输、拥挤等）导致呼吸道防御机能受损、机体抵抗力下降时，多杀性巴氏杆菌和非致病性的溶血性巴氏杆菌血清Ⅱ型有机会在下呼吸道大量繁殖，或由血清Ⅱ型转变为具有较强毒力的血清Ⅰ型。多杀性巴氏杆菌常可与昏睡嗜血杆菌、支原体和呼吸道病毒混合感染，而溶血性巴氏杆菌通常是原发病原菌，如因饲料品质低劣、营养成分不足、矿物质缺乏、牛舍拥挤、卫生条件差、气候突变、闷热、寒冷、阴雨潮湿，以及机体受寒感冒等引起牛的抵抗力下降时，此病菌会乘机侵入体内，发生内源性传染。一旦发病，病牛会不断排出强毒细菌，感染健康牛，造成1个牛场、1个地区的巴氏杆菌病流行。

病牛排泄物、分泌物中有大量病菌。当健康牛采食被污染的饲料、饮水时，经消化道感染；健康牛吸入带细菌的空气、飞沫，经呼吸道传播；也可经损伤的皮肤和黏膜传染。

【临床症状】潜伏期为2~5d。败血型：发病急，病程短。病初体温升高到40℃以上，反刍停止，食欲废绝，泌乳停止，呼吸、心跳加快，肌肉震颤，结膜潮红，鼻镜干燥，有浆液性或黏液性鼻液，其间混有血液；下痢，粪中带有黏液或血液，恶臭，从拉稀开始，体温随之下降，多于病后12~24h死亡。水肿型：病牛颈部、胸前及咽喉水肿，水肿部的皮肤硬，有疼感，压后指印不退。水肿也可在肛门、会阴和四肢皮下发生。由于咽部、舌部肿胀严重，致使吞咽和呼吸困难，黏膜发绀，舌吐出齿外，口流白沫，烦躁不安，多因窒息而死亡，病程为12~36h。肺炎型：主要呈现纤维素性胸膜肺炎症状。病牛呼吸困难，有痛苦干咳。从鼻孔中流出泡沫样带血的分泌物，后呈脓性，可视黏膜发绀，胸部叩诊有实音区，听诊有啰音、胸膜摩擦音，病初便秘，后期腹泻，粪中有血，恶臭。溶血性巴氏杆菌引起的肺前腹侧实变比多杀性巴氏杆菌感染多见，病程3~7d。

水肿型和肺炎型都是在败血型基础上发展起来的。本病的病死率在80%以上，痊愈牛可获得坚强免疫力。

【病理变化】败血型牛出败主要呈全身性急性败血症变化。水肿型主要表现为咽喉部急性炎性水肿，病牛尸检可见咽喉部、下颌间、颈部与胸前皮下发生明显的凹陷性水肿，手按时出现明显压痕；有时舌体肿大并伸出口腔。切开水肿部会流出微混浊的淡黄色液体。肺炎型牛出败主要表现为纤维素性肺炎和浆液纤维素性胸膜炎，胸腔积聚大量有絮状纤维素的渗出液，还常伴有纤维素性心包炎和腹膜炎。

【预防控制】加强饲养管理，合理搭配饲料。牛舍要通风干燥，冬天应做好防寒保温工作，勤换褥草，以增强牛的体质，提高抗病力，减少应激因素。定期全场消毒，搞好环境卫生。患巴氏杆菌病的牛应立即隔离治疗，全场用5%漂白粉或10%石灰水消毒，对健康牛仔细观察、测温，凡体温升高的牛，应尽早治疗。发病早期可使用免疫血清对同群健康牛作紧急预防接种。同时，使用青霉素、链霉素、氨苄西林、头孢噻唑、恩诺沙星、红霉素、林可霉素、壮观霉素等，都能提高治疗效果。

10. 气肿疽

本病是一种由气肿疽梭菌引起的反刍动物的一种急性败血性传染病，又名黑腿病或鸣疽。

【流行病学】自然感染一般多发于黄牛、水牛、奶牛、牦牛、犏牛易感性较小。发病年龄为0.5～5岁，尤以1～2岁多发，死亡居多。猪、羊、骆驼亦可感染。病牛的排泄物、分泌物及处理不当的尸体，污染的饲料、水源及土壤会成为持久性传染来源。该病传染途径主要是消化道，深部创伤感染也有可能。本病呈地方性流行，有一定季节性，夏季放牧（尤其在炎热干旱时）容易发生，这与蛇、蝇、蚊活动有关。

【临床症状】潜伏期3～5d，最短1～2d，最长7～9d，牛发病多为急性经过，体温达41～42℃，早期出现轻度跛行，食欲和反刍停止。相继在多肌肉部位发生肿胀，初期热而痛，后来中央变冷无痛。患病部皮肤干硬呈暗红色或黑色，有时形成坏疽。切开患部皮肤，从切口流出污红色带泡沫酸臭液体，这种肿胀发生在腿上部、臀部、腰、荐部、颈部及胸部。此外局部淋巴结肿大。食欲反刍停止，呼吸困难，脉搏快而弱，最后体温下降或再稍回升。一般病程 1～3d 死亡，也有延长到 10d 的。发生在舌部时，舌肿大伸出口外。老牛发病症状较轻，中等发热，肿胀也轻，有时有疝痛臌气，可能康复。

【病理变化】尸体显著膨胀，鼻孔流出血样泡沫，肛门与阴道口也有血样液体流出，肌肉丰满部位有捻发音。皮肤表现部分坏死。皮下组织呈红色或黄色胶样，有的部位杂有出血或小气泡。胸、腹腔及心包有红色、暗红色渗出液。

【预防控制】本病的发生有明显的地区性，有本病发生的地区可用疫苗预防接种，是控制本病的有效措施。病畜应立即隔离治疗，死畜禁止剥皮吃肉，应深埋或焚烧。病畜厩舍围栏、用具或被污染的环境，用 3% 福尔马林或 0.2% 升汞液消毒，粪便、污染的饲料、垫草均应焚烧。在流行的地区及其周围，每年春、秋两季进行气肿疽甲醛菌苗或明矾菌苗预防接种。若已发病，则要实施隔离、消毒等卫生措施。死牛不可剥皮肉食，宜深埋或烧毁。治疗：早期之全身治疗可用抗气肿疽血清 150～200ml，重症患者 8～12h 后再重复 1 次。实践证明，气肿疽期应用青霉素肌肉注射，每次 100 万～200 万 IU，每日 2～3 次；会收到良好的作用。早期之肿胀部位的局部治疗可用 0.25%～0.5% 普鲁卡因溶液 10～20ml 溶解青霉素 80 万～120 万 IU 在周围分点注射，可收到良好效果。

11. 小反刍兽疫

小反刍兽疫俗称羊瘟，又名小反刍兽假性牛瘟、肺肠炎、口炎肺肠炎复合症，是由小反刍兽疫病毒引起的一种急性病毒性传染病，主要感染小反刍动物，以发热、口炎、腹泻、肺炎为特征。

【流行病学】本病主要感染山羊、绵羊、美国白尾鹿等小反刍动物，流行于非洲西部、中部和亚洲的部分地区；在疫区，本病为零星发生，当易感动物增加时，即可发生流行；本病主要通过直接接触传染，病畜的分泌物和排泄物是传染源，处于亚临诊型的病羊尤为危险。

【临床症状】潜伏期为4～5d，最长21d；自然发病仅见于山羊和绵羊。山羊发病严重，绵羊也偶有严重病例发生。一些康复山羊的唇部形成口疮样病变。急性型体温可上升至41℃，并持续3～5d。感染动物烦躁不安，背毛无光，口鼻干燥，食欲减退。流黏液脓性鼻漏，呼出恶臭气体。在发热的前4d，口腔黏膜充血，颊黏膜进行性广泛性损害，导致多涎，随后出现坏死性病灶，开始口腔黏膜出现小的粗糙的红色浅表坏死病灶，以后变成粉红色，感染部位包括下唇、下齿龈等处。严重病例可见坏死病灶波及齿垫、腭、颊部及其乳头、舌头等处。后期出现带血水样腹泻，严重脱水，消瘦，随之体温下降。出现咳嗽、呼吸异常。发病率高达100%，在严重爆发时，死亡率为100%；在轻度发生时，死亡率不超过50%。幼年动物发病严重，发病率和死亡都很高。

【病理变化】病变从口腔直到瘤网胃口。患畜可见结膜炎、坏死性口炎等肉眼病变，严重病例可蔓延到硬腭及咽喉部。皱胃常出现病变，而瘤胃、网胃、瓣胃很少出现病变，病变部常出现有规则、有轮廓的糜烂，创面红色、出血。肠可见糜烂或出血，特征性出血或斑马条纹常见于大肠，特别在结肠直肠结合处。淋巴结肿大，脾有坏死性病变。在鼻甲、喉、气管等处有出血斑。还可见支气管肺炎的典型病变。

【预防控制】该病为我国划定的一类疾病，一旦发现病例，应严密封锁，扑杀患羊，隔离消毒。对本病的防控主要靠疫苗免疫，目前尚无有效的治疗方法。

12. 羊传染性胸膜肺炎

羊传染性胸膜肺炎俗称"烂肺病"，是由多种支原体引起的一种高度接触性传染病。

【流行病学】多发于冬季和早春，常呈地方流行，接触性强；营养缺乏、饲养密集、气温骤变等都有利于该病的发生；病羊和带菌羊是本病的传染源，可通过呼吸道分泌物如鼻液等飞沫传染健康羊。

【临床症状】该病临床上分为最急性、急性和慢性三型。

（1）最急性型：病程一般不超过 4～5d，有的仅 12～24h；病初体温升高，可达 41～42℃，极度沉郁，呼吸急促而痛苦，随后发展为严重的呼吸道症状，呼吸困难，流出浆液性带血鼻液，肺部叩诊呈浊音或实音，听诊呼吸音减弱；12～36h 内，病羊卧地不起，胸腔出现大量渗出液，呼吸极度困难甚至全身颤抖；呻吟哀鸣，不久窒息而亡。

（2）急性型：最为常见，病程多为 7～15d，有的甚至 1 个月；病初体温升高，继而出现短而湿的咳嗽；4～5d 后，咳嗽变干而痛苦，流出浓性、铁锈色鼻液，持续高热，食欲锐减，呼吸痛苦而呻吟，眼睑肿胀，眼周围布满脓性分泌物，有时张口呼吸，流泡沫状唾液；病羊出现头颈伸直，腰背拱起，最后卧倒，极度衰竭。幸而不死的羊转变为慢性型。

（3）慢性型：多见于夏季，病羊最初体温升高至 41 ~ 42℃，随后温度降低至 40℃左右，间有咳嗽和腹泻，鼻涕时有时无，被毛粗乱、消瘦。

【**病理变化**】病变主要在胸部，主要表现为浆液纤维素性胸膜肺炎，如胸腔积有大量淡黄色浆液纤维素性渗出物，胸膜充血，肺胸膜和肋胸膜发生粘连。

【**临床诊断**】根据流行病学、临床症状和病理变化可做出现场诊断；进一步确诊需进行病原检测，如分离病原菌，在血琼脂培养基上培养出"煎蛋状"菌落。

【**预防控制**】加强饲养管理、提高羊体免疫力；严禁引入病羊；定期注射山羊传染性胸膜肺炎氢氧化铝苗、鸡胚化弱毒苗或绵羊肺炎支原体灭活苗。治疗：首选泰乐菌素，按 0.5ml/kg 剂量进行肌肉注射，连续用药 3d；其次还可选择氟苯尼考、强力霉素或阿奇霉素等药物，具体参照药物使用说明书。

13. 羊痘

羊痘是羊的一种急性传染病，以体表多发性痘疹为特征。

【**流行病学**】山羊痘的流行最初是个别羊发病，以后逐渐蔓延全群。病毒主要通过呼吸道感染，也可通过损伤的皮肤或黏膜侵入机体。山羊痘病多发生梅雨季节、蚊虻活动频繁，加速传播。

【**临床症状**】病初体温升高到 41 ~ 42℃，病羊眼部潮红、流泪，鼻孔流黏液性鼻液。病程至 2 ~ 4d 后，在其眼周围、唇、鼻、颊、四肢内侧、尾内侧、阴唇、乳房、阴囊、包皮等无毛或少毛处的皮肤上出现红色圆形痘疹，7～8d后结痂慢慢脱落，形成红色瘢痕而愈。有的病羊还会出现腿瘸、眼瞎、咳嗽、拉稀，孕羊流产等。

【病理变化】理剖解可见胃黏膜、肺叶有白色圆形痘节，其切面干燥、无光泽。

【临床诊断】根据流行病学，临床症状可作出初步诊断。

【预防控制】用0.1%高锰酸钾水、淡盐水或忍冬藤、野菊花煎水洗擦病羊的患部，然后用碘甘油涂擦。也可用2%来苏儿冲洗后再涂抗生素软膏。全身用病毒灵、病毒唑等治疗。健康羊群应每年定期用羊痘弱毒疫苗免疫。发生羊痘的地区，要严加封锁，隔离病羊，进行治疗。

14. 羊口疮

羊的传染性脓疱病又称羊口疮，是一种急性接触性的人畜共患病，羊、人、猫均可感染本病，在圈养密度较大的羊场是常见的疾病之一。

【流行病学】病原为传染性脓疱病毒。该病主要通过接触传染，主要是擦伤的皮肤或黏膜，人多因与病羊接触感染。流行季节为夏秋季多发。

【临床症状】本病可分唇型、蹄型、外阴型三型，在四川以唇型最多见。唇型最常见，病初在口角、鼻镜或上唇出现红色小斑点，很快形成稍大的小结节，继而发展为水疱或脓疱、溃疡、结痂，无继发感染1～2周痊愈，痂块脱落，皮肤新生肉芽不留瘢痕；严重病例则患部互相融合，在整个口唇周围、口腔内部、颊部、眼睑甚至耳郭等部位形成大面积的溃疡和肉芽组织增生，表面覆盖龟裂痂垢而呈桑葚状突起，并导致采食困难，体温升高。蹄型几乎仅侵害绵羊，多为单蹄患病，常在

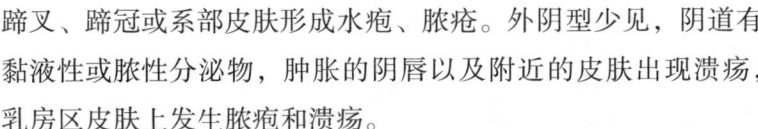

蹄叉、蹄冠或系部皮肤形成水疱、脓疮。外阴型少见，阴道有黏液性或脓性分泌物，肿胀的阴唇以及附近的皮肤出现溃疡，乳房区皮肤上发生脓疱和溃疡。

【病理变化】无明显病理变化，偶继发肺炎或败血症。

【临床诊断】根据临诊症状，易诊断。与羊痘的鉴别：羊痘病羊体温有升高，全身反应严重，痘疹多为全身性的，痘疹结节呈圆形似脐状，突出于皮肤表面，界限明显。与口蹄疫的鉴别：口蹄疫有全身性反应，一般蹄部病变明显。

【预防控制】对病羊皮肤患处可先用水杨酸软膏软化痂垢，除去痂垢后再用 0.1% ~ 0.2% 高锰酸钾液冲洗创面，然后用 2% 甲紫、碘甘油溶液或土霉素软膏或呋喃西林软膏每日涂擦 1 ~ 2 次；口腔脓疱用 0.1% ~ 0.2% 高锰酸钾或生理盐水冲洗创面后，涂撒冰硼散，每天 2 次连用 7d，痊愈为止。

15. 羊梭菌病

羊梭菌病是由梭菌引起羊的一类疾病，主要特点是发病和死亡很快，临床症状和病变多，较难区别。

【流行病学】引起羊梭菌病的梭菌有 5 个型，即腐败梭菌、C 型魏氏梭菌、D 型魏氏梭菌、B 型诺维氏梭菌、B 型魏氏梭菌，分别依次引起羊快疫、羊猝狙、羊肠毒血症、羊黑疫和羔羊痢疾。

（1）羊快疫：病羊营养多在中等以上，年龄在 6 ~ 18 月龄之间；多是通过消化道感染，也可因气温骤变、阴雨连绵或食入结冰、霜冻的水草等因素使机体抵抗力降低，致原存在于肠道中的正常梭菌群大量繁殖，产生外毒素引起发病。

（2）羊猝狙：主要发生于 1 ~ 2 岁的成年绵羊，经消化道感染。常流行于低洼、沼泽地区，以冬、春季节多发。

（3）羊肠毒血症：羊采食被芽孢污染的水和饲草进入消化道，当机体抵抗力下降时发病。本病多发生在春夏之交，青草萌发和秋季牧草给籽后的一段时期，羊吃了大量的菜叶菜根而发病，常见于 3～12 月龄膘情较好的羊。流行特点为散发性流行。

（4）羊黑疫：一般发生于 1 岁以上的羊，2～4 岁羊最多发生。常因羊采食了被梭菌芽孢污染的饲草而感染，该梭菌的芽孢广泛地存在于土壤中，有肝片吸虫病流行的潮湿、低洼地区常有黑疫病的流行。

（5）羔羊痢疾：发病多在出生后 1 周之内，以 2～3 日龄多发，初生羊多因消化道感染所致。

【临床症状】

（1）羊快疫：突然发病，死亡。病程较长，不食，磨牙，呼吸困难，甚至昏迷。有的兴奋不安，腹部鼓胀，有疝痛症状，通常数分钟至几小时死亡。

（2）羊猝狙：多数突然死亡。

（3）羊肠毒血症：突然发病死亡。病程稍长，病羊死前，四肢滑动，肌肉震颤，磨牙，流口水，头颈抽搐，24h 内死亡。死羊解剖以肾脏软化为病理变化的特征，即将肾脏托在手掌中塌陷，不成形。

（4）羊黑疫：皮下淤血呈黑色为典型症状。最急性型，多数突然发病死亡。急性型，表现不食、不反刍，呼吸困难，口流白沫，腹痛，昏迷中死亡。

（5）羔羊痢疾：腹泻和神经症状拉黄绿、黄白色或暗红色稀便，恶臭，或粥状粪便；有的表现排少量血便。神经症状为四肢瘫软，卧地不起，呼吸急促，口流白沫，最后昏迷死亡。

【病理变化】

（1）羊快疫：解剖可见病羊头颈部皮下有血性胶样浸润，胸腹腔和心囊腔积有淡红色液体，死羊若未及时剖检则出现迅速腐败。

（2）羊猝狙：死羊剖解可见胸、腹腔及心包积液，出血性肠炎，十二指肠和空肠黏膜有糜烂或溃疡。

（3）羊肠毒血症：可见心包内有多量灰黄色液体和纤维素絮块，心内、外膜及小肠浆膜上出血。肺充血水肿，肝变性。

（4）羊黑疫：死羊剖解可见其肛门流出少量血样液；皮下静脉瘀血，胸部皮下水肿；胸腹腔积多量黄色液；脾脏淤血肿大，呈紫黑色。

（5）羔羊痢疾：死羊解剖可见后腹部皮下水肿，腹腔内积多量透明、红色的渗出液；小肠浆膜面出血，黏膜有条索出血或溃疡，表面覆有糠麸样物；肠系膜充血，肠系膜淋巴结瘀血、水肿等。

【预防控制】因这类病发病太急，一般治疗意义不大。若病程稍长，可用磺胺、抗生素等治疗，并支持10%安钠加以及5%葡萄糖1 000ml静注。疫区每年定期免疫"羊快疫、猝狙、肠毒血症"三联苗或五联苗预防，发病群可用菌苗紧急免疫。隔离病羊，用20%漂白粉、3%福尔马林、0.2%升汞和3%～5%氢氧化钠等严格消毒，转移牧地。

16. 牛羊吸虫病

牛羊吸虫病是由吸虫寄生于羊体引起的一类寄生虫病。

【病原及其生活史】常见的有片形吸虫、前后盘吸虫、阔盘吸虫、双腔吸虫和血吸虫，羊还常见列叶吸虫。

（1）片形吸虫：片形科的肝片吸虫和大片吸虫；虫体背腹扁平，外观呈树叶状，活时为棕红色，死后呈灰白色，大小为21～75mm×5～14mm。成虫寄生于羊的肝脏胆管内，其排出的虫卵可随胆汁进入消化道，经粪便排出体外，在外界一定条件下可孵化出毛蚴，毛蚴可钻入中间宿主——淡水螺体内，进一步发育成胞蚴、雷蚴和尾蚴。侵入螺体内的一个毛蚴可以繁殖出百个乃至数百个尾蚴，尾蚴可以离开淡水螺，在水中游动，并能附着于水草等植物形成囊蚴，当牛羊吞食含有囊蚴的水草或水而感染。囊蚴可在羊的肠道内逸出童虫，童虫可移行至肝脏胆管，发育为成虫。

（2）前后盘吸虫：前后盘科的后盘属、殖盘属、腹袋属、菲策属吸虫等；虫体形态因种类各不相同。成虫寄生于牛羊的瘤胃和网胃壁上，但其中平腹吸虫寄生于牛羊的大肠，其生活史和片形吸虫相似。

（3）阔盘吸虫：歧腔科的阔盘属；虫体活时为棕红色，死后为灰白色，虫体扁平，较厚，呈长卵圆形，体表有小棘，大小为8～16mm×5～5.8mm。成虫寄生于牛羊的胰脏胰管内，其排出的虫卵随粪便排出体外，在第一中间宿主——陆地螺体内发育成毛蚴、母胞蚴、子胞蚴，子胞蚴从蜗牛气孔排出，附在草上，形成含有尾蚴的圆形囊即子胞蚴黏团。子胞蚴黏团被第二中间宿主——草蟋（蚱蜢）吞食后，尾蚴可钻出子胞蚴，进一步发育成囊蚴。当牛羊吞食含有囊蚴的草蟋而感染。

（4）双腔吸虫：双腔科的有矛形双腔吸虫和中华双腔吸虫；虫体扁平、透明，呈棕红色，肉眼可见内部器官表面光滑，前端尖细，后端较钝，呈矛状；体长5～15mm×1.5～

2.5mm。成虫寄生于牛羊的肝脏胆管。幼虫发育需要 2 个中间宿主，第 1 中间宿主为陆地螺，第二中间宿主为蚂蚁，当牛羊吞食含有幼虫的蚂蚁而感染。

（5）血吸虫：在我国乃至四川部分地区还存在，成虫寄生于牛羊的肠系膜静脉内，其排出的虫卵一部分随血液流到肝脏，一部分逆血流沉积在肠壁形成结节，由于虫卵的毒素作用，使结节及周围肠壁组织破溃从而进入到消化道而排出体外。虫卵在外界可孵化出毛蚴，毛蚴在水中遇到中间宿主钉螺后，可钻入钉螺体内，进一步发育成尾蚴，尾蚴在水中游弋，牛羊多因皮肤在水中接触尾蚴而感染，也有吞食含尾蚴的草或水而感染。尾蚴侵入牛羊体皮肤，变为童虫，经血液循环进入到达肠系膜静脉内寄生。

【流行病学】片形吸虫和前后盘吸虫在我国普遍流行，一年四季均可发生，北方多在气候温暖、雨量较多的夏、秋季节，南方因温暖季节较长，可在夏、秋季节乃至冬季发生。日本血吸虫在我国长江流域以南发生，四川主要在眉山、德阳、凉山彝族自治州的普格、雅安芦山等部分山区流行。

【临床症状】

（1）感染肝片吸虫病：轻微时，一般不表现出症状；严重时，表现出营养不良，体况消瘦，被毛粗乱，颌下及胸下水肿和腹水；有时甚至放牧羊突然发病死亡。

（2）感染前后盘吸虫：严重时多为童虫移行引起，表现为食欲减退，消瘦，贫血，颌下水肿，顽固性下痢，粪便呈粥样或水样，常有腥臭，可见消化道出血性胃肠炎。

（3）感染阔盘吸虫：严重时主要引起胰脏功能异常，导致消化不良，动物表现为消瘦，营养不良，贫血，胸前出现水肿，下痢。

（4）感染双腔吸虫：严重时，病羊表现精神沉郁，行动迟缓，食欲不振，黏膜苍白、黄染，颌下水肿，腹胀，下痢，渐进性消瘦，终因极度衰竭而死亡。

（5）感染血吸虫：严重时，主要表现为腹泻，贫血，颌下和腹下部水肿，消瘦，发育不良。

【病理变化】可在寄生脏器如肝脏胆管、胆囊内见肝片吸虫和双腔吸虫成虫，胰脏可见阔盘吸虫成虫，并见脏器肿大并发炎症。前后盘吸虫病在瘤胃可见虫体，偶见肠道。

【临床诊断】根据临床症状，尤其食量不减又表现体况消瘦、被毛粗乱等，可怀疑寄生虫病，进一步确诊需要检测虫卵或虫体。

【预防控制】不要在水源尤其有钉螺、椎实螺的地方放牧；夏秋季节下雨后，有条件的把羊赶回羊舍，最好天气晴朗放牧；含有雨水的青草最好晾晒后在喂食；每年春秋 2 季进行 1 次预防性驱虫，驱虫药物的选择和使用方法同治疗。治疗时，肝片吸虫选用氯氰碘柳胺盐。日本血吸虫选用吡喹酮。前后盘吸虫选用硫氯酚，使用药物的方法和剂量参照说明书。

17．牛羊线虫病

牛羊线虫病是由线虫寄生于牛羊的消化道、呼吸道及其他脏器而引起的一种寄生虫病，在生产上见得最多的为消化道和呼吸道线虫病。

【病原及其生活史】线虫多呈两侧对称，体长，形似长短不一的线条。常见的主要有血矛线虫、毛首线虫、奥斯特线虫、仰口线虫、夏柏特线虫、食道口线虫、细颈线虫、网尾线虫、原圆线虫和丝状线虫等。

（1）血矛线虫：雌虫长 22 ~ 27mm，活虫吸食血液后，含有血液的肠道和子宫相互扭曲呈麻花状，在体后约 1/4 处有阴门盖形成的支出结构；雄虫长 15 ~ 19mm，尾端交合伞呈鱼尾状，主要寄生于羊的皱胃或十二指肠上段的黏膜上。雌雄虫交配后，雌虫排出虫卵，虫卵随粪便排出体外，在外界适宜条件下，孵出幼虫，幼虫经 4 ~ 5d 蜕皮 2 次成为感染性幼虫。当牛羊吞食含有幼虫的牧草时，感染性幼虫进入宿主的前胃，脱鞘后移行至皱胃或十二指肠上段，再蜕皮一次发育为成虫。其他线虫的生活史过程都基本相同，以下省略。

（2）毛首线虫：呈乳白色，虫体一端较粗，一端细长，形似长鞭，雌虫长 39.51 ~ 85.01mm，雄虫长 32.78 ~ 90.05mm，寄生于羊的盲肠。

（3）奥斯特线虫：虫体细长，似人头发，雌虫长 6.61 ~ 14.54mm，雄虫长 6.48 ~ 16mm，寄生于羊的皱胃和小肠。

（4）仰口线虫：分牛仰口线虫和羊仰口线虫，虫体呈头端向背侧弯曲，雌虫长 13.9 ~ 20.1mm，雄虫长 7.5 ~ 15mm，寄生于羊的小肠。

（5）夏柏特线虫：虫体前端向腹面弯曲，雌虫长 14.23 ~ 28.51mm，雄虫长 9.83 ~ 21.5mm，寄生于羊的大肠。

（6）食道口线虫：虫体较粗壮，雌虫 12.7 ~ 24.4mm，雄虫长 11.2 ~ 18.4mm，寄生于羊的大肠。

（7）细颈线虫：雌虫长 12.1 ~ 25.2mm，雄虫长 7.23 ~ 17.03mm，寄生于羊的小肠。

（8）网尾线虫：雌虫长 35.6 ~ 74.01mm，雄虫长 20.2 ~ 74.04mm，寄生于羊的气管和支气管。

（9）原圆线虫：雌虫长 10.2 ~ 92.34mm，雄虫长 12 ~ 75.32mm，寄生于羊的气管和支气管。

（10）丝状线虫：虫体呈乳白色丝状形，寄生于牛羊的腹腔，又称腹腔丝虫。丝状线虫的生活史离不开中间宿主蚊类，因此该病多发生于蚊虫滋生季节。成虫产生的幼虫——微丝蚴进入宿主的血液循环，当蚊虫刺吸牛羊血液时，微丝蚴随血液进入到蚊虫体内并发育成感染性幼虫，而后幼虫可移行至蚊虫的口器，当这种蚊叮咬其他牛羊时，即引起其感染。

【流行病学】牛羊线虫病流行于春季和秋季，主要是因为幼虫在外界的发育受环境中温度、光照的影响；另外，腹腔丝虫与蚊虫活动季节密切相关。

【临床症状】牛羊感染线虫主要表现为体表消瘦、贫血、被毛粗乱。消化道线虫病多见消化功能紊乱，如消化不良、腹泻等症状，严重时出现颌下水肿。肺线虫病表现为呼吸道症状，如咳嗽、鼻孔排出黏性分泌物，呼吸困难，听诊有湿啰音；另外，牛羊感染网胃线虫还可见胸部和四肢水肿。

【病理变化】解剖病牛羊可见消化道或呼吸道损伤，并能见到大量成虫虫体。

【临床诊断】根据临床症状，尤其食量不减又表现体况消瘦，被毛粗乱等，可怀疑寄生虫病；进一步确诊需要检测虫卵或虫体。

【预防控制】保持充足的营养饲料供给；定期清扫圈舍，保持圈舍卫生，有条件的圈舍推荐使用高床圈舍；粪便堆积发酵，杀灭虫卵；羊场做好灭蝇工作；对于放牧的羊场实行轮牧制度。

治疗时，羊的消化道和呼吸道线虫病可选用左旋咪唑、阿

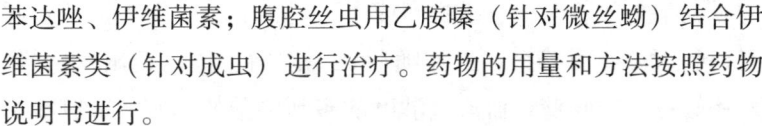

苯达唑、伊维菌素；腹腔丝虫用乙胺嗪（针对微丝蚴）结合伊维菌素类（针对成虫）进行治疗。药物的用量和方法按照药物说明书进行。

18. 牛羊绦虫病

牛羊的绦虫病是由绦虫的成虫或幼虫寄生于牛羊体而引起的一种寄生虫病，其中包虫病在我国一些地方流行，是重大的人兽共患病。

【病原及其生活史】 寄生于牛羊的绦虫成虫主要有莫尼茨属绦虫、无卵黄腺属绦虫、曲子宫属绦虫；寄生于牛羊的绦虫幼虫有棘球蚴、羊囊尾蚴、脑多头蚴（包虫）等。

（1）莫尼茨属绦虫：体长可达 5m 以上，成虫寄生于终末宿主包括黄牛、水牛、牦牛、绵羊、山羊、鹿等动物的小肠内，幼虫寄生于中间宿主——地螨体内。虫卵或孕节随终末宿主粪便排出体外后，虫卵被地螨吞食，六钩蚴穿过中间宿主的消化道壁，进入体腔，进一步发育成感染性的似囊尾蚴。牛羊吃了混有似囊尾蚴地螨的青草而感染，似囊尾蚴进入宿主的消化道，在小肠内发育为成虫。

（2）无卵黄腺属绦虫：其中间宿主为弹尾目的长角跳虫；曲子宫属绦虫的中间宿主为甲螨，二者寄生部位、发育史与感染途径同莫尼茨属绦虫。

（3）羊带绦虫：羊为其中间宿主。成虫的孕卵节片随犬粪排出，卵被羊吞食后，六钩蚴从虫卵逸出，于小肠经血液流到肌肉及其他器官中寄生，经 2.5~3 个月发育成羊囊尾蚴。

（4）棘球蚴：其成虫为棘球绦虫，虫体大小如米粒，寄生于犬及犬类动物（终末宿主）的小肠内，虫卵和孕节随粪便排出体外，虫卵可污染水源或牧草，也可因大风而飘浮在空气中，当牛羊放牧时误吞入虫卵或人、牛、羊（中间宿主）经呼吸道吸入虫卵而感染。虫卵随后在中间宿主体内逸出六钩蚴，六钩蚴可钻入肠壁经血流或淋巴散布到牛羊的肝脏、肺脏等部位寄生并发育成包囊，当包囊破裂后，包囊液中的棘球砂随包囊液流到其他部位又重新发育，机械性压迫使中间宿主周围组织发生萎缩和功能障碍，从而引发严重疾病。另外，如果受感染的牛羊的肝脏、肺脏等脏器被犬吃了，从而引起犬的感染，在犬体内发育至成虫，成为新的大量病原来源。

（5）羊囊尾蚴：其成虫为羊带绦虫，虫体呈乳白色，长450~1 000mm；终末宿主为犬科动物，中间宿主为羊，其生活史与棘球蚴类似。

（6）脑多头蚴又称脑包虫：其成虫为多头带绦虫，外形似莫尼茨绦虫；中间宿主为牛羊等反刍动物，幼虫多寄生于中间宿主的脑及脊髓，也有寄生于皮下及其他组织；其生活史与棘球蚴类似。

【流行病学】牛羊绦虫病流行广泛，莫尼茨绦虫主要危害羔羊和犊牛。牛羊莫尼茨绦虫病多发于夏、秋季节，主要与地螨的出现季节有关；包虫病流行于新疆、青海、西藏、四川的甘孜藏族自治州、阿坝藏族羌族自治州等地；多头蚴多流行于牧区或半农半牧区。

【临床症状】一般情况下，不出现临床症状；严重感染时可出现精神不振、消瘦、贫血、腹泻，有时出现明显神经症状，甚至死亡。脑包虫因寄生于脑部，可见神经症状如转圈运动。

【病理变化】小肠中有数量不等的绦虫成虫；剖检可见黏膜贫血、肠系膜淋巴结、黏膜、脾增生，肠黏膜出血；包虫病

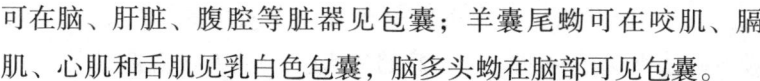

可在脑、肝脏、腹腔等脏器见包囊；羊囊尾蚴可在咬肌、膈肌、心肌和舌肌见乳白色包囊，脑多头蚴在脑部可见包囊。

【临床诊断】根据流行病学，临床症状可做初步诊断，确诊需检查虫卵或虫体节片或病理剖检；一些血清学诊断方法如ELISA（酶联免疫吸附试验）和 IHA（间接血球凝集实验）等也可做出诊断。

【预防控制】流行地区对断奶羔羊或犊牛每隔 1 个月进行 1 次驱虫，成年家畜春、秋两季各进行 1~2 次驱虫；同时定期对犬绦虫进行驱虫，犬排出的含有绦虫成虫的粪便作无害化处理。牛羊粪便要进行集中堆积发酵或沤肥，时间不少于 2~3 个月，未处理的粪便不能用于施肥。减少牛羊吞食地螨的机会，定期用 1∶200 稀释后的复合酚喷洒圈舍及运动场，以消灭环境中的地螨；或减少在早晨、雨后、阴天放牧或割草。驱虫后的牛羊，不要在原地放牧，及时转移至清净安全的牧场。引入牛羊时，应进行隔离驱虫。治疗时，对患绦虫成虫的牛羊用氯硝柳胺或吡喹酮治疗，药物的用量和方法按照药物说明书进行。对于患绦虫幼虫的羊用阿苯达唑，60mg/kg 口服治疗，间隔 1d1 次，10d 为 1 疗程。

19. 体表寄生虫病

牛羊的体表寄生虫病是由蜱、螨、虱等体外寄生虫寄生于羊的体表而引起的一种寄生虫病。

【病原及其生活史】寄生于牛羊的体表寄生虫常见的有蜱、螨、虱和蚤，均为寄生性节肢动物。

（1）蜱：俗称"草爬子""狗豆子""草瘪子"等，分硬蜱和软蜱，常见的硬蜱有牛蜱、扇头蜱、血蜱等，软蜱有锐缘蜱、钝缘蜱等。形态背腹扁平，吸血前和吸血后体积差异极大，可达1 000倍上。有的蜱终身在牛羊身上寄生，有的只是吸血时才在牛羊身上寄生。蜱的危害：一是因吸血造成牛羊贫血；二是可传播比自身更小的，如病毒、血液原虫等给被吸血的牛羊。

（2）螨：疥螨和痒螨，疥螨多寄生于皮肤角质下，虫体在宿主表皮挖掘隧道，以角质层组织和渗出液为食，在隧道内进行发育和繁殖。痒螨寄生于皮肤表面，吸取渗出液为食。

（3）虱：毛虱，永久性体外寄生虫，在牛羊体表以不完全变态方式发育，经过卵、若虫和成虫三个阶段，成虫在牛羊体上吸血，交配后产卵，卵被特殊的胶质黏附在宿主毛上，经2周后发育成若虫，再经2周蜕化3次而变成成虫。

（4）蚤：又称蠕形蚤，为小型的无翅昆虫，分头、胸、腹三部分。

【临床症状】一般情况下，患畜表现剧痒，骚动不安，常在圈舍壁等物体上摩擦；皮肤出现机械性损伤，皮肤炎症，有的形成大量痂皮；大量寄生时，可见消瘦、发育不良、毛皮质量低，脱毛等症状。蜱大量存在时，可造成患畜贫血。

【病理变化】主要表现为皮肤表层或深层的损伤和炎性渗出。

【临床诊断】根据临床症状，翻毛可查找到虫体确诊，螨虫需要刮取皮屑进行镜检。

【预防控制】加强饲养管理，保持圈舍干燥卫生；有体外寄生虫的羊场，要定期用溴氰菊酯类或双甲脒等药物对圈舍进行喷洒消毒；定期用螨净、双甲脒或溴氰菊酯对患羊进行药浴（药浴前要先让羊喝饱水）。治疗时，对患羊注射阿维菌素类药物；同时，配合使用螨净、双甲脒或溴氰菊酯药浴。

第五节 林下养鸡疫病综合防控技术

一、林下养鸡疫病综合预防技术

1. 间歇养殖与消毒技术

（1）间歇养殖：在放牧地土壤中，可能沉积有许多病原菌和寄生虫虫卵，一般病毒对外界抵抗力较弱，抵抗力较强的病毒在外界环境中可存活几十小时，但有的病原菌或寄生虫虫卵对外界抵抗力较强，有的病原可存活几天至1年，甚至有的存活时间更长，尤其是一些寄生虫（如异刺线虫）虫卵在外界中被蚯蚓吞吃，其幼虫可在蚯蚓体内存活达1年以上。因此，每一批鸡出售完后，该批鸡的放牧地应停止放养鸡一段时间，利用太阳光等物理条件使病原或传播病原的其他生物减少，下一批鸡感染病原的概率减少。一块林地间歇饲养时间的长短根据当时的温度、湿度、其他生物种类等情况确定。间歇时间长短除了考虑疫病防控需要外，还要考虑饲养需要等综合因素。

一般两批鸡之间的间隔时间，夏季30～45d，冬季90～120d，春季和秋季45～75d，有条件的间歇时间延长更好。

（2）消毒技术：在鸡场大门处，应建消毒池，使进门的车辆、人员等进出时经消毒池。在鸡放牧环境内，减少病原的主要措施和方法应以鸡密集的地方为重点，如过夜和避雨的鸡棚等。在鸡棚周围，每周可散一层生石灰，使鸡在早、晚进出时，减少脚底带入或带出病原；或在鸡棚的门前建消毒池，池内铺垫麻布，并用消毒剂浸湿麻布，使鸡早、晚进出时经过消毒池。

每一批鸡出售后，在无雨时的白天，将鸡棚的顶盖和周围的塑料布或其他遮盖物揭开，让棚内充分暴露在阳光下，坚持一段时间，即利用太阳光照射作用减少鸡棚内的病原。有条件的鸡场，在每一批鸡出售后用消毒剂或生石灰进行 1 次消毒，在关下一批鸡之前，再进行 1 次消毒。

消毒可用一般市场用的消毒剂。消毒剂可选用含过氧乙酸、火碱、醛类、碘伏、有机氯制剂、复方季铵盐等成分的消毒剂，所选消毒剂的使用浓度、配制方法、使用时间等，见其产品的使用说明书。注意：一般消毒剂生产厂家对其产品有一个商品名，一般商品名与其产品成分名称不一致的，但按相关规定，在消毒剂包装上应注明其产品的有效成分，因此，购买时应看包装上介绍的有效成分。

2. 免疫技术

鸡场免疫疫病的种类应根据各地流行的鸡疫病种类进行免疫，但是，在我国规定新城疫和高致病性禽流感（H5、H7）是强制性免疫病。免疫剂量和方法，按照各疫苗的使用说明书进行。有的疫病种类，既可采用化学药物预防，也可采用疫苗预防，如球虫病预防等，其免疫程序见表9。

表 9　林下养鸡推荐免疫程序

年龄（日龄）	疫　苗	免疫方法
3 ~ 5	肾型传支 W93	滴鼻或饮水
8 ~ 10	新城疫克隆 30 或四系 + H120	滴鼻或饮水
13 ~ 15	法氏囊 B87 或法氏囊多价苗	滴鼻或饮水
	鸡痘疫苗	翅部刺种或皮下注射
15 ~ 18	禽流感灭 H5 + H9 二联灭活疫苗	皮下或肌肉注射
23 ~ 25	法氏囊 B87 或法氏囊多价疫苗	滴鼻或饮水
30 ~ 35	新城疫克隆 30 或四系 + 传支 H52	滴鼻或饮水
	或新城疫 - 传支二联灭活苗	皮下或肌肉注射
40 ~ 45	禽流感灭 H5 + H9 二联灭活疫苗	皮下或肌肉注射
50 ~ 60	禽霍乱灭活疫苗	肌肉注射
	鸡痘疫苗	翅部刺种或皮下注射
90 ~ 100	新城疫四系 + 传支 H52 或克隆 30	滴鼻或饮水
	或新城疫 - 传支二联灭活苗	皮下或肌注

3. 寄生虫病预防技术

雏鸡在 3 ~ 7 日龄，用鸡球虫疫苗进行免疫，建议接种含柔嫩艾美耳球虫、巨型艾美耳球虫和堆型艾美耳球虫的三价活疫苗。由于球虫疫苗是通过饮水免疫，难免个别雏鸡没饮到足够量混有疫苗的水或疫苗量，这些鸡可能感染球虫卵囊而发病。因此，饲养员应注意拉血便或在肛门周围沾有血便的小鸡，用抗球虫药物灌服；或在雏鸡和幼鸡阶段，在饲料中添加抗球虫药物，抗球虫药物的使用剂量和方法参照药物使用说明书。大多数抗球虫药物易产生抗药性，即在一个鸡场使用 1 ~ 2

年后，其药物效果下降或失效，因此，一种抗球虫药物使用一年后，第二年应换另一种抗球虫药物。

放养日龄建议不低于60d。鸡在林下放牧阶段一般进行2次预防性驱虫：第一次是鸡在林下放牧30～45d后，用吡喹酮粉剂和阿维菌素粉剂混入饲料中，混入吡喹酮量按每只鸡15mg/kg体重一次服用剂量计算，混入阿维菌素量按每只鸡0.03mg/kg体重一次服用剂量计算；第二次是鸡在林下放牧60～70d后，再用吡喹酮粉剂和阿维菌素粉剂混入饲料中，这2种药物剂量同于第一次。根据场内鸡是否有"石灰脚"、肛门周围和全身羽毛下是否有虱子或"小虫"情况，如果有这些症状或现象，这2次预防性驱虫中的药物选用吡喹酮和阿维菌素（或伊维菌素、乙酰氨基阿维菌素）混合剂，如果没有这些症状或现象，可将其中的阿维菌素换成左旋咪唑或阿苯达唑等。伊维菌素或乙酰氨基阿维菌素的剂量和使用方法同阿维菌素，左旋咪唑剂量为每只鸡12mg/kg体重，可将左旋咪唑粉剂拌入饲料中或溶解在水中，阿苯达唑剂量为每只鸡15mg/kg体重，拌入饲料。

鸡住白细胞虫病和组织滴虫病预防，根据当地流行情况，当发现鸡群中有这2种病症状时，及时采用药物防治，防治方法见后。

二、主要疾病及其防控技术

1. 新城疫

鸡新城疫俗称鸡瘟，是由新城疫病毒引起的一种急性、烈性传染病，可致各种年龄鸡感染发病和死亡，该病目前仍是我国养鸡业中危害最大的传染病之一。

【流行病学】传播迅速，任何日龄鸡均可感染，鸡群的发

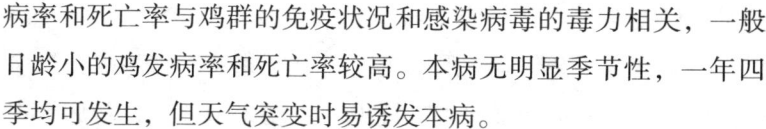

病率和死亡率与鸡群的免疫状况和感染病毒的毒力相关，一般日龄小的鸡发病率和死亡率较高。本病无明显季节性，一年四季均可发生，但天气突变时易诱发本病。

【临床症状】发病急的鸡，多无明显症状而突然死亡。多数情况下病鸡表现精神差，采食减少或不食，两翅下垂，闭眼呆立一边，张口呼吸，咳嗽，发生呼噜声，呼吸困难。部分鸡拉绿色稀粪。发病 2～3d 后开始出现大批死亡。在发病后期，一些病鸡出现扭头、歪颈、转圈等神经症状。

【病理变化】气管环状充血，内有黏液或混有血丝。腺胃乳头出血是新城疫特征性病变，肌胃角质膜下点状、条状出血，肠道广泛性出血，在小肠表面可见散在的枣核状红肿病灶，剪开小肠可见黏膜面有枣核状的出血斑或溃疡，盲肠扁桃体肿胀、出血。

【临床诊断】腺胃乳头出血，小肠黏膜面有枣核状的出血斑或溃疡；出现呼吸困难症状，扭头、转圈。

【预防控制】免疫接种仍是目前预防鸡新城疫的主要措施。科学的免疫程序应根据抗体监测来制定，并结合实际使用情况进一步完善。现可供选择的疫苗有新城疫四系、克隆 30 活疫苗，新城疫油乳剂灭活疫苗，新城疫－传染性支气管炎二联活疫苗与二联灭活疫苗，新城疫－传染性支气管炎－禽流感三联灭活疫苗。鸡场可参考下面的免疫程序：肉鸡 7～10 日龄用新城疫四系活疫苗或克隆 30 疫苗点眼、滴鼻或饮水，13～15 日龄注射油乳剂灭活疫苗，50～60 日龄用 2～3 倍量克隆 30 滴鼻或饮水免疫，或注射油乳剂苗灭活疫苗。

本病目前尚无特效药物。鸡群发生新城疫后，立即用 3～4

倍量新城疫四系苗或克隆 30 疫苗点眼、滴鼻或饮水，两月龄以上的鸡也可用 2 倍量 I 系苗肌肉注射。此外，病鸡应补充电解多维、黄芪多糖等增强鸡抵抗力。免疫 3～5d 后，若病情未有缓解，可选用病毒唑、干扰素和抗病毒的中药联合治疗，有一定疗效。

2. 禽流感

禽流感又称欧洲鸡瘟，是由 A 型流感病毒引起禽的急性传染病。禽流感病毒血清型众多，致病力差异很大。目前，国内分离到的病毒主要为高致病力的 H5 亚型和中等以下毒力的 H9 亚型为主。

【流行病学】本病可引起各种年龄鸡、鸭、鹅、鸽和多种野禽感染和发病，年龄小的家禽发病和死亡较高，死亡率高低主要与感染病毒的毒力强弱密切相关，H5 强毒株感染的死亡率可达 90%～100%，而 H9 亚型死亡率较低。免疫过的鸡发病率和死亡率都有不同程度降低。本病传播迅速，一年四季均可发生，但在秋、冬和开春时多发。该病常与新城疫、大肠杆菌混合感染。

【临床症状】最急性病例无临床症状而突然死亡。急性病鸡精神不振，采食下降或不吃，流泪，一侧或两侧眼睑周围肿胀，眼圈发红，甚至发生结膜炎或变瞎。病鸡头部肿胀，鸡冠、肉垂肿胀，鸡冠尖部发紫，出血，坏死，脚掌、趾肿胀，鳞片出血，出现咳嗽、张口呼吸等呼吸道症状，下痢，排绿色粪便。

【病理变化】典型病例可见头、颈及胸部皮下有淡黄色胶冻样水肿。气管充血、出血，内有淡黄色的干酪样渗出物。心包膜、气囊和腹膜增厚，并附着淡黄色渗出物，严重者在气囊与肺之间有黄色凝固的卵黄样物质；有的出现纤维素性肝周炎和心包炎；有时可见腺胃和肌胃出血，肠黏膜出血；胰腺有出血点或坏死点；肾肿大并有白色尿酸盐沉积或黄色坏死点。

【临床诊断】病鸡头颈肿胀，有明显的呼吸症状；气管严重出血，心包膜和气囊增厚并附着淡黄色渗出物，卵黄性腹膜炎。

【预防控制】鸡场应建立严格的检疫制度，严禁从疫区和可疑地区引种，平时做好消毒工作。由于禽流感各亚型之间缺乏交叉保护，应根据各地流行病毒血清亚型、分离菌株特点选用疫苗。现有禽流感 H5 和 H9 亚型油乳剂灭活疫苗、H5 - H9 亚型二联油乳剂灭活疫苗、禽流感 - 新城疫重组二联活疫苗和新城疫 - 传染性支气管炎 - 禽流感三联灭活疫苗等。发生高致病性禽流感后，应立即上报当地动物防疫部门，并按高致病性禽流感处置方案进行封锁、隔离、消毒和无害化处理。发生非高致病性禽流感时，在发病初期可紧急接种疫苗，同时，用干扰素、病毒唑或抗病毒中药联合治疗，添加黄芪多糖增强抵抗力，并辅以抗生素防止其他细菌继发感染。

3. 马立克氏病

马立克氏病是一种由疱疹病毒引起鸡的肿瘤性传染病，以外周神经肿大、内脏器官形成淋巴性肿瘤为特征。

【流行病学】本病主要危害鸡，主要在 2~5 月发病，其发病率和死亡率与病毒毒力和免疫状况密切相关。发病率为 3%~50%，病鸡多以死亡告终。发病慢、病程长，免疫鸡多以散发为主。感染鸡的羽毛碎屑是马立克氏病最重要的传染媒介，病毒可通过空气传播和消化道感染。

【临床症状】病鸡逐渐消瘦、鸡冠发育迟或萎缩，采食减少，最后衰竭而死。临床上可表现出以下几种类型：

（1）神经型：病鸡运动障碍，不能站立，一侧或两侧腿麻痹，常呈劈叉式。翅膀下垂。

（2）内脏型：临床上最常见。病鸡精神差，食少，鸡冠苍白，逐渐消瘦。

（3）眼型：临床上较少见，由于眼部神经受损，常表现为一侧眼虹膜灰色，瞳孔边缘不整，甚至失明。

（4）皮肤型：主要在大腿、颈、背部的羽毛根部形成小结节或瘤状物。生前不容易被发现。

【病理变化】

（1）内脏型：肿瘤结节可出现在身体几乎所有内脏器官，在肝、脾、心、肺、肾表面和实质中，有灰白色呈弥漫型或局灶性、大小不等的肿瘤病灶，其中，最常见的是肝肿瘤结节。肝脏和脾脏肿大，有的脾脏可肿大 3～5 倍。卵巢呈菜花样肿大，法氏囊萎缩，有的病例可见腺胃肿大，壁增厚，黏膜出血、溃烂。

（2）神经型：常见坐骨神经、臂神经等单侧性肿大。

【临床诊断】2 月龄以上病鸡逐渐消瘦死亡，站立不稳；单侧眼虹膜混浊；皮肤上有突出的结节；肝脏和脾肿大，内脏器官表面或实质中有灰白色的肿瘤结节。

【预防控制】加强饲养环境卫生消毒，尤以孵化室与育雏鸡舍必须严格消毒。防止雏鸡在孵化室内和育雏鸡舍早期感染。因为，雏鸡在 1 日龄接种马立克病疫苗后 2 周才能起免疫保护作用，这期间最容易感染马立克病毒。出壳雏鸡必须在 24h 内全群接种马立克氏疫苗。疫苗最好选用 CVI988 液氮苗或多价苗，才能抵抗超强毒的感染。疫苗运输和保存条件要好，以防疫苗失效。发病鸡无药可治，立即淘汰。发病鸡场每天带鸡消毒 1 次，连续 1 周，间隔 3 ～5d 后，再连续消毒 7d，可有效杀灭病鸡排出的病毒，减少病毒的散播。

4. 白血病

鸡白血病是由 RNA 黏液病毒群引起的慢性肿瘤性疾病，其中，淋巴细胞白血病是较常见的一种鸡白血病。近年我国 J 亚群引起的白血病感染率呈上升趋势。

【流行病学】一般 14 周龄以上鸡才发病，多发生于性成熟后的成年鸡。发病率低，多呈散发性。蛋鸡因饲养时间长，其死淘率3% ～30% 。J 亚群引起的白血病以前主要在白羽肉鸡中出现，现在黄羽、麻羽和一些本地品种鸡中也出现上升趋势。主要通过垂直传播，病毒也可经唾液和粪便排出感染同群的鸡。

【临床症状】病鸡冠苍白，逐渐萎缩，精神差，逐渐消瘦，下痢，腹部膨大，手触摸腹部可触到肿大的肝脏。

【病理变化】病鸡内脏器官发生肿瘤，呈灰白色硬实结节，以肝、脾、肺、法氏囊多见，呈弥散性或局灶性肿瘤结节。肝脏和脾脏可肿大几倍。有时肾脏和卵巢也可发现肿瘤结节。J - 亚群白血病除可见上述肿瘤外，还常在脚趾、翅、胸、颈部或冠部皮肤出现小血疱，破裂后血流不止；有的还在肋软骨、腰椎骨和胸骨内面等形成干酪样骨髓肿瘤结节。在内脏器官上的肿瘤结节，眼观上与马立克氏病难于区别，但本病没有外周神经肿大和皮肤肿瘤出现，而 J - 亚群白血病皮肤上有血管瘤和骨表面有干酪样结节，可以区分。

【临床诊断】 只是成年鸡发病，多为零星散发；内脏器官广泛发生肿瘤；体表有血管瘤。

【预防控制】 本病无特效防治方法，应从无白血病的种鸡场购鸡，种鸡群定期检疫，淘汰阳性鸡；雏鸡和成年鸡应隔离饲养；发现病鸡宜尽早淘汰。

5. 传染性法氏囊病

鸡法氏囊病是由传染性法氏囊病毒引起雏鸡的一种急性高度接触性传染病。该病不仅可引起雏鸡发病和死亡，还可引起鸡免疫抑制，致使抗病力下降和疫苗免疫效果降低，是危害雏鸡的重要传染病。

【流行病学】 主要以 3~6 周龄雏鸡最易发病，发病率可高达 80%~100%，死亡率 5%~70%，病程一般 5~10d。有的鸡群常在第二次免疫法氏囊疫苗后 1~3d 发病。法氏囊病毒对外界和消毒药的抵抗力较强，可持续存在于鸡舍环境中。本病通过被病毒污染的饲料、饮水、垫料、用具、人员及昆虫等途径传播。

【临床症状】 发病突然，病鸡精神不振，羽毛松乱，伏地不起，打堆，采食下降或不吃。排白色或黄白色稀粪，肛门周围羽毛被粪便污染，最后衰竭而死。发病后常继发新城疫、大肠杆菌病等。

【病理变化】 病死鸡胸部、腿部肌肉散布点状、片状或条纹出血。法氏囊肿大变硬，浆膜面有淡黄色胶冻样水肿，切开法氏囊可见黏膜有明显出血点或出血斑，有的囊内有黄色干酪样渗出物或黑红色血液，严重者法氏囊外观呈紫葡萄样。肾脏肿胀，因尿酸盐沉积而变成花斑肾。有时在肌胃和腺胃交界处

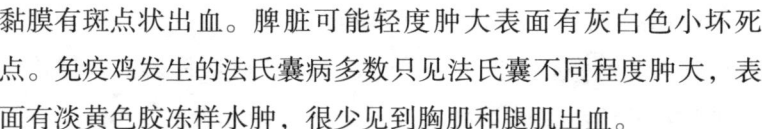

黏膜有斑点状出血。脾脏可能轻度肿大表面有灰白色小坏死点。免疫鸡发生的法氏囊病多数只见法氏囊不同程度肿大，表面有淡黄色胶冻样水肿，很少见到胸肌和腿肌出血。

【临床诊断】3～6周龄雏鸡多发，排白色或黄白色稀粪；法氏囊肿大、出血，胸肌和腿肌出血。

【预防控制】免疫预防：首免时间应根据母源抗体高低来确定。母源抗体高的鸡群一般在14～18日龄首免；母源抗体较低的鸡群在10～14日龄首免；10～14d后，用2倍量法氏囊疫苗饮水免疫，一般2次免疫即可，但发病日龄偏大的鸡场还应在第2次免疫后10～14d再加强免疫1次。疫苗选用法氏囊中毒活疫苗或多价活疫苗。鸡发病后，应立即注射法氏囊高免卵黄抗体或高免血清，同时在饮水中加入肾肿解毒药或电解多维对症治疗，并且用抗生素防止大肠杆菌等继发感染。由于在发生法氏囊病后，免疫受到抑制，常继发新城疫，因此，在用高免抗体治疗后5～7d，用2～3倍新城疫四系或克隆30补免1次。

6. 鸡传染性支气管炎

鸡传染性支气管炎是由传染性支气管炎病毒引起鸡的一种高度接触性传染病。鸡传染性支气管炎病毒血清型较多，主要侵害鸡的呼吸和泌尿生殖系统。

【流行病学】各种年龄的鸡均可感染发病，以雏鸡发病最严重。但肾型传支主要发生于雏鸡及青年鸡，发病率高，死亡率10%～30%。该病一年四季均可发生，以春、冬两季多发。本病传播迅速，在气候突变，拥挤、通风不良情况下容易诱发本病。

【临床症状】 发病和扩散迅速，病鸡精神差，采食减少，张口呼吸，喉头有喘鸣音和啰音，咳嗽，呼吸困难。肾型传支感染病鸡开始出现轻微呼吸症状，继而拉白色或黄白色稀粪，饮水量增加，其死亡率一般比呼吸型传支高。

【病理变化】

（1）呼吸型传支：气管充血、出血，气管、支气管内有过多的黏液或黄色干酪性渗出物，气囊增厚、混浊，上有黄色干酪样渗出物。

（2）肾型传支：主要引起肾肿大、苍白，输尿管和肾小管充满白色的尿酸盐结晶，呈花斑肾。

【临床诊断】 发病传播快，有呼吸症状，拉白色稀便；气管内有过多的黏液或黄色干酪性渗出物；肾肿大、苍白，尿酸盐沉积为花斑状。

【预防控制】 疫苗有 H120 和 H52 弱毒疫苗、新城疫四系—H120 和新城疫四系—H52 和二联弱毒疫苗、肾型传支 W93 弱毒疫苗，以及新城疫—传支二联灭活疫苗等。需要注意的是，H52 弱毒疫苗只能用于 1 月龄以上鸡的免疫。肾型传支 W93 可在 3～5 日龄首免，7～10 日龄免疫 H120 弱毒苗，滴鼻或饮水，间隔 2～4 周再进行第 2 次免疫，60～70 日龄可用 H52 冻干苗加强免疫。也可在弱毒疫苗首免后，在 14～15 日龄接种新城疫＋传支二联灭活疫苗。目前无特效药物，发病初期可用 2～3 倍传支弱毒活苗免疫。同时，可在饮水中加入电解多维、肾肿灵、黄芪多糖和抗生素等药物做辅助治疗。

7. 传染性喉气管炎

传染性喉气管炎是由 A 型疱疹病毒引起鸡的一种接触性呼

吸道传染病，以呼吸困难，咳出带血黏液为特征。

【流行病学】各种年龄鸡均可感染，但以成年鸡发病多而严重，症状较典型。本病在易感鸡群中传播很快。感染率可达90%以上，但死亡率一般只有10%~20%，少数最急性的死亡率可达50%以上。一年四季均可发生，但以秋、冬寒冷季节多发。

【临床症状】病鸡头颈伸直，张口呼吸，喘气，出现呼吸困难，常听见咯咯声和咳嗽，咳嗽时可咳出带血黏液或血凝块，黏附在嘴角或鸡笼上。病鸡不断甩头，有的鸡因分泌物堵塞喉头，窒息而死。有的病鸡眼结膜发炎、红肿，眼有浆液性或脓性渗出物。

【病理变化】病鸡主要表现为喉头和气管黏膜肿胀充血、出血，气管内可见血丝、血凝块，或淡黄色干酪样渗出物。有时出现眼结膜炎和眶下窦上皮水肿和充血。其他器官无明显病变。

【临床诊断】多见成年鸡发病；出现伸颈、张口呼吸，咳嗽并咯血；气管内可见血凝块、血丝，或淡黄色干酪样渗出物。

【预防控制】加强饲养管理，鸡舍应通风良好，饲养密度不要过大，保持环境卫生，并严格执行消毒措施。由于现用的传喉活疫苗毒力较强，在无该病存在的鸡场，一般不提倡用疫苗，以免人为使鸡带毒。国产疫苗最好饮水免疫，采用滴眼或滴鼻时疫苗一定不要加量使用，否则有的可能会引起发病。首免可在6~8周龄，二免在13~15周龄。发病后可用干扰素、病毒唑和止咳、祛痰的中药联合用药治疗。

8. 鸡痘

本病是由鸡痘病毒引起的鸡一种接触性传染病。临床上主要表现为皮肤型和白喉型。

【流行病学】 本病以鸡最易感，不同品种和年龄的鸡均可感染，但以雏鸡最常发病和严重。可通过直接接触或蚊虫叮咬传播，特别是林下养鸡环境蚊虫更多，四季均可发生，在春末和夏、秋季节，气候潮湿，蚊虫多时，发病最多。以皮肤型最常见。

【临床症状及病理变化】

（1）皮肤型：主要在无毛或少毛处，如鸡冠、肉髯、眼睑四周、喙周围、翅内侧以及腹部、腿、脚等部位皮肤长出突出的灰白色、坚实的痘疹、痘痂，痘痂脱落后形成溃疡。病鸡还常见结膜炎、流泪、眼睑粘连。病鸡一般无死亡。

（2）白喉型：皮肤上无痘疹，白喉型主要在口腔、食道或气管黏膜，均可见结节和溃疡，或干酪样物覆盖喉头黏膜，剥去白喉样膜，可见出血糜烂。还可伴发鼻炎样呼吸症状。

（3）混合型：有时皮肤型可同时发生，病情比单纯的严重，死亡率增高。

【临床诊断】 头部和其他部位皮肤上有灰白色痘疹、褐色的痘痂等；口腔、食道上有结节会溃疡。

【预防控制】 发病季节，加强林下饲养环境及鸡舍的卫生，定期驱灭蚊、蜱等吸血昆虫，灭蚊虫药最好选用对鸡无害的拟菊酯类药物。在 2～3 周龄皮下刺种鸡痘疫苗，可在 7～8 周龄再加强免疫 1 次，以预防鸡痘。发病初期，可全群紧急接种疫苗。皮肤鸡痘，可在病变部涂碘酊、红汞或紫药水。白喉型鸡痘，可用镊子剥去口腔黏膜上的假膜，然后涂以碘甘油或氯霉素。同时，可用干扰素和其他抗病毒药物进行全身治疗。

9. 大肠杆菌病

大肠杆菌病是由埃希氏大肠杆菌引起的一类常见病的总称，包括败血症、心包炎、肝周炎、气囊炎、腹膜炎、肉芽肿、输卵管炎、生殖道炎、脐炎、滑膜炎等疾病。大肠杆菌病对养鸡业危害较大。

【流行病学】各种年龄鸡均可感染大肠杆菌病，尤以雏鸡、幼鸡感染后危害较大。大肠杆菌属于条件性致病菌，当饲养管理不善、应激等因素，造成抵抗力降低，以及感染其他疾病，如鸡传染性支气管炎、新城疫、鸡法氏囊病、禽流感等病后，常继发或并发大肠杆菌病。

【临床症状及病理变化】大肠杆菌因感染部位和程度不同，在临床上表现为多种形式。

（1）鸡急性败血症：多见于 6 ~ 10 周龄鸡，病鸡精神不好，羽毛松乱，不愿走动，吃料减少或不吃，拉白色或黄绿色粪便，最后倒地而死。解剖病变可见皮肤、肌肉瘀血，血呈紫黑色、不易凝固，肺瘀血水肿，肠黏膜出血，心包积液，心脏扩张，肝大呈紫红色，有时见灰白色坏死灶。

（2）浆膜炎：主要见于 5 ~ 8 周龄鸡，临床症状主要表现为腹水症，呼吸困难，最后衰竭而死。解剖可见心包炎、肝周炎、气囊炎、腹膜炎，心外膜、肝膜、腹膜和气囊增厚，表面有灰白色的纤维素渗出物覆盖。

（3）肠炎：主要表现为下痢，肛门周围羽毛被粪尿污染。解剖可见肠道黏膜不同程度出血，肠内容物稀薄。

（4）鸡大肠杆菌肉芽肿：这种病型很少见，病鸡消瘦，无特定症状，在体表、肠系膜、浆膜、心外膜等部位见黄白色，大小不等的结核结节样肉芽肿病灶。

（5）关节炎：见于跗关节和趾关节肿大，关节腔内有黏稠、混浊的浆液，纤维素性或脓性炎性渗出物，滑膜肿胀、增厚。

（6）全球眼炎：病鸡单侧或双侧眼肿胀，有干酪样渗出物，眼结膜潮红，病情严重者可致眼睛失明。

【临床诊断】大肠杆菌性浆膜炎表现为心外膜、肝膜、腹膜和气囊增厚，表面有灰白色的纤维素渗出物覆盖；因本病常继发或并发于其他疾病，而且，根据症状和病变难以准确诊断。

【预防控制】应加强鸡群饲养管理，鸡群密度适中，鸡舍通风良好，保持适宜的温度和湿度，减少各种应激因素。大肠杆菌因血清型众多，交叉免疫保护差，最好选用当地或本场分离菌株制备的多价灭活疫苗。大肠杆菌对多种抗生素均敏感，如恩诺沙星、氟苯尼考、新霉素、庆大霉素、先锋霉素等，但又容易产生耐药性，因此，药物应经常更换使用。

10. 鸡白痢

鸡白痢是由鸡白痢沙门氏菌引起鸡的一种传染性疾病。

【流行病学】主要危害4周龄内的雏鸡。2～3日龄开始发病，7～10日龄死亡最多，2周龄后很少死亡。本病主要经消化道感染，也可通过感染的种鸡和污染的种蛋垂直传播。

【临床症状】出孵的鸡苗弱雏较多，精神不振，怕冷，打堆，羽毛逆立，不吃，排白色黏稠粪便，脐部发炎，衰竭而亡。肛门周围羽毛有白石灰样粪便沾污，甚至堵塞肛门。一些病鸡不出现下痢，但因肺炎出现气喘、伸颈张口呼吸和呼吸困难，患病鸡群死亡率达20%～25%。还有的引起关节炎，关节肿大，跛行。1~3 月龄的育成鸡主要表现为鸡群中不断有下痢的弱鸡出现，持续时间较长，病鸡常突然死亡。成年鸡不出现症状，但可引起种鸡受精率和孵化率下降。

【病理变化】雏鸡因脱水而出现脚干枯，雏鸡卵黄吸收不良，呈黄绿色液化或呈棕黄色奶酪样。肺脏呈灰褐色，肺内有黄白色大小不等的坏死灶。肝大、充血，有时可见肝脏和脾上有黄白色坏死点。病程长者可在心肌、肌胃、肠管等部见到隆起的白色结节。盲肠膨大，肠内有干酪样凝结物。

【临床诊断】雏鸡排白色黏稠粪便，肛门周围羽毛有白石灰样粪便沾污；雏鸡卵黄吸收不良，呈黄绿色液化或呈棕黄色奶酪样。肺内和心肌上有黄白色结节但应注意和马立克氏病、白血病引起的肿瘤结节区别：鸡白痢发病多见于雏鸡，而马立克氏病多在 2 月龄以后发病，白血病一般在 14 周龄后开始发病；鸡白痢用抗生素防治有效，而马立克氏病、白血病无效。

【预防控制】用全血平板凝集试验定期检疫，淘汰阳性鸡。种鸡一般在 50~60 日龄第 1 次检疫，开产前第 2 次检疫，以后每个月或间隔 1 个月检疫 1 次。雏鸡入舍前，应对鸡舍、地面、笼具、垫料、饮水器和食槽等进行全面消毒。出壳雏鸡在饮水中加入恩诺沙星、氟苯尼考等，连续喂 5~7d，预防鸡白痢效果很好。还可选用百病消、环丙沙星、庆大霉素等饮水。发病鸡可用上述药物加大剂量使用。

11. 伤寒

本病是由伤寒沙门氏杆菌引起鸡的一种传染病。

【流行病学】各年龄鸡均可发病，但以 3 月龄以上的鸡发病多见，多为散发。本病主要经感染种鸡和污染种蛋垂直传播，但也可经过污染的饲料、饮水等接触传染。本病以冬、春季较常见。

【临床症状】青年和成年病鸡主要表现为精神不好，羽毛松乱，鸡冠苍白、萎缩，拉黄绿色稀便，急性病鸡不愿走动，几天后死亡。病雏鸡表现为生长不良，肛门周围粘有白色粪便，腹部较大，蛋黄吸收不完全。雏鸡有时还表现呼吸困难。

【病理变化】急性病例主要为肝脏、肾脏、脾脏肿大，胆囊充满胆汁，尤其明显。亚急性和慢性病例，肝脏肿大呈棕绿色，肝实质有灰白色粟粒大坏死灶。脾脏肿大 1~2 倍，也有粟粒大坏死灶。心包积液，且有少许纤维素性渗出物，心肌上有突起的灰白色坏死灶。

【临床诊断】成年鸡多发，肝脏肿大呈棕绿色，肝实质有灰白色粟粒大坏死灶；脾脏肿大 1~2 倍，也有粟粒大坏死灶。

【预防控制】预防与治疗方法同鸡白痢。

12. 副伤寒

鸡副伤寒是沙门氏菌属中除鸡白痢和鸡伤寒沙门氏菌以外的众多血清型所引起的沙门氏菌病总称。

【流行病学】以 1 月龄以内的雏鸡较常发生。本病传播方式包括：污染的带菌种蛋未消毒即孵化，垂直传播给雏鸡；经污染的饲料、饮水、垫草以及孵化器而互相传染；通过人和鼠、鸟、昆虫等动物传播。

【临床症状】雏鸡副伤寒临床症状与白痢、伤寒相似，不易区别。发病雏鸡精神不振，呆立或伏地不动，怕冷，喜欢挤堆，羽毛逆立，嗜睡，头下垂，拉白色水样粪便。病雏有时还出现关节炎、结膜炎，严重时可导致失明。成年鸡感染本病，一般无明显症状，但可长期带菌。

【病理变化】 雏鸡副伤寒解剖病变与白痢病变相似，常难以区别。病雏鸡肝脏肿大，充血，有条纹或针尖大坏死灶，或小出血点。脾脏肿大，有点状出血或坏死灶。肺瘀血、水肿甚至坏死。有的可见出血性，坏死性肠炎，盲肠内有干酪样肠芯。

【临床诊断】 主要是雏鸡发病，肝、脾肿大，表面有出血点和坏死小点。鸡白痢、副伤寒和伤寒病临床上不容易区别。

【预防控制】 方法同鸡白痢、伤寒。

13. 巴氏杆菌病

禽巴氏杆菌病，又称禽霍乱，是由多杀性巴氏杆菌引起禽的一种细菌性传染病。

【流行病学】 主要是2月龄以上的鸡发病，多为急性、散发。主要经消化道和呼吸道传染。病鸡的分泌物、排泄物污染饲料、饮水、用具和场地等都可把病菌传染给易感鸡。本病一年四季均可发生，但又以夏、秋季发病较多。

【临床症状】

（1）最急性型：多数发生于发病初期，鸡突然死亡，死前不见任何症状，有的突然倒地、拍翅抽搐，迅速死亡。

（2）急性型：病鸡精神差，不愿走动，不吃，羽毛松乱，呼吸急促，口鼻流出泡沫样黏液，常出现摇头，排出黄、灰或绿色稀粪，鸡冠、肉髯、喙和脚蹼发紫。体温升高至43~44℃，最后昏迷衰竭死亡。病程几小时至3d。

（3）慢性型：见于发病后期，或从急性病例转变成慢性病的。常见鸡冠和肉髯肿胀，关节肿胀、化脓，步态不稳。病程较长。

【病理变化】 急性型病鸡在皮下、腹膜和腹部脂肪上散在许多有出血小点，心脏外膜和冠状脂肪沟有出血点或出血斑。肝脏肿大、质脆，表面有针尖大的黄白色状坏死小点。有时可见肝破裂，肝表面有大的血凝块。十二指肠出血性卡他性炎症。肺瘀血出血，可见肺炎病变。慢性病例可见鼻炎、鼻窦炎、关节炎、腱鞘炎、腹膜炎、气囊炎等病变。

【临床诊断】成年禽多发，一般为急性、散发；心外膜出血，肝脏肿大、质脆，表面有针尖大的黄白色状坏小点。

【预防控制】家禽在 50～60 日龄接种禽巴氏杆菌灭活苗，免疫期 3～4 个月。发生本病后，用庆大霉素或头孢药肌肉注射，每天 2 次。全群可用恩诺沙星、氟苯尼考等饮水 3～5d。

14. 鸡传染性鼻炎

鸡传染性鼻炎是由鸡副嗜血杆菌引起鸡的一种呼吸道传染病。以鸡颜面肿胀、流泪为特征。

【流行病学】各种年龄鸡均可感染，以成年鸡多发。该病传播迅速，发病率高，但死亡率低。秋、冬和早春季节多发。饲养密度过大，通风不良，鸡舍寒冷潮湿以及缺乏维生素等都是诱发因素。

【临床症状】病鸡采食明显下降，咳嗽，甩头，呼吸困难，眼结膜发炎，流鼻液，多见一侧颜面浮肿，严重的眼睛肿胀闭合，少数呈两侧性。部分鸡只肉髯水肿。多数病鸡下痢，排绿色粪便，生长缓慢。

【病理变化】病鸡鼻腔和眶下窦充满水样、脓性或干酪样分泌物。气管黏膜壁充血肥厚，下颌及颜面肿胀部皮下组织增厚，呈胶冻样水肿。

【临床诊断】发病率高，死亡率低，传播快，咳嗽，流泪，多见鸡一侧颜面浮肿，严重的眼睛肿胀闭合；鼻腔和眶下窦充满干酪样分泌物，内脏器官无明显病变。

【预防控制】加强饲养管理，放养时呼吸道病一般少，但放养前在鸡舍内饲养和放养后晚上回舍休息时，鸡群饲养密度不宜过大，并保持鸡舍通风良好，冬季还要防贼风；及时清扫鸡舍粪尿，特别是夏天，防止鸡粪发酵产生的氨气刺激鸡呼吸道和眼睛。一般没发过本病的鸡场可不免疫，但曾发过病的鸡场或鸡场周围有疫情时，可适时接种鸡传染性鼻炎灭活苗，一般可在 40～50 日龄首免，100～110 日龄再次加强免疫，疫苗可选用 A、C 型二价灭活疫苗。鸡群一旦发病，应全群治疗，可选用壮观霉素按每升水加 1～2g、泰乐菌素按每升水加 0.5～0.8g 饮用，也可用恩诺沙星按 100L 水加 5～7g 饮用，连用 3～5d，也可用上述药物注射治疗。

15. 支原体病

鸡支原体病（又叫霉形体病）主要引起鸡的呼吸困难为特征的慢性呼吸道传染病（称为鸡败血支原体病）和引起鸡关节腱鞘和脚掌肿大为特征的传染性滑膜炎病（称为鸡滑液囊支原体病）。

【流行病学】支原体可通过蛋垂直传播，也可通过感染鸡与易感禽之间水平传播。各年龄鸡均可感染发病，但以雏鸡最易感染发病。本病一年四季均可发生，以寒冷节较为严重。饲养管理条件差、饲养密度过大、通风不良的养鸡场发病较多，放养鸡发病较少。本病常与传染性支气管炎、传喉、传鼻和新城疫混合感染或继发感染。

【临床症状】

（1）鸡败血支原体病：又叫慢性呼吸道病，患鸡流鼻液，流泪，咳嗽，呼吸啰音，眼眶下面肿胀，严重者可使眼闭合。发病鸡很少出现死亡，若与其他疾病混合感染则可出现死亡。

（2）鸡滑液囊支原体病：病鸡出现跛行，不愿走动，趾关节、跗关节和爪垫肿胀，病鸡常见胸部囊肿。

【病理变化】

（1）鸡败血支原体病：主要表现为眶下窦肿胀，窦内充满黄色干酪样物。鼻道、气管内黏液增多，气囊壁增厚、混浊，严重者气囊内出现黄色干酪样的炎性渗出物，似煎蛋样。肺脏发生肉变，颜色变灰。心包膜和肝脏外膜增厚。

（2）鸡滑液囊支原体病：主要是在关节和龙骨滑液囊内有黏稠的奶油样或干酪样的炎性渗出物。

【临床诊断】有呼吸症状，眼眶下面肿胀，气囊内出现黄色干酪样物，很少死亡；关节肿胀，关节滑液囊内有黏稠的奶油样或干酪样物；鸡败血支原体病的临床症状和脸面肿胀、窦内充满黄色干酪样物病变和鸡传染性鼻炎相似，但气囊内出现黄色干酪样物，在传染性鼻炎中很少见，可以此进行区别。

【预防控制】保持鸡舍内干燥、通风和卫生良好。在20～30日龄和90～110日龄两次接种鸡败血支原体弱毒疫苗或油乳剂灭活苗，有一定预防效果。治疗支原体病的药物较多，如泰乐菌素、枝原净、北里霉素、壮观霉素和恩诺沙星等，饮水、拌料喂均可，效果很好。也可用红霉素和强力霉素饮水或拌料，一般需要连续用药5～7d。

16. 鸡球虫病

鸡球虫病是威胁养鸡业最严重的肠道疾病之一，是由艾美球虫属的球虫引起，主要危害 15～50 日龄的雏鸡，发病率高，死亡率高，病愈雏鸡生长严重滞后，抵抗力低，易患其他疾病，每年给养殖户造成巨大的经济损失。由于林下养殖方式使球虫卵囊在林地里广泛扩散，养殖密度大，球虫卵囊大量分布于林地中，再加上球虫卵囊可在林地中存活时间长等特点，球虫病是林下养鸡预防的重点疫病之一。

【病原特征】鸡球虫卵囊很小，肉眼看不见。在显微镜下观察，球虫卵囊呈圆形、卵圆形或椭圆形，无色、淡黄色或淡绿色，有极帽，每个卵囊内含有 4 个子孢子囊，每个子孢子囊内有 2 子孢子。我国报告的鸡球虫有柔嫩艾美球虫、毒害艾美球虫、布氏艾美球虫、巨型艾美球虫、堆型艾美球虫、哈氏艾美球虫、变位艾美球虫、和缓艾美球虫、早熟艾美球虫等。

【流行病学】鸡球虫病病鸡是主要的传染源，可携带并传播球虫卵囊达数月之久。从患病鸡粪便刚排出的卵囊，是未孢子化的卵囊，没有感染性。未孢子化卵囊在一定的温度、湿度及有氧气存在的条件下，可在 18～30h 内发育为具有感染性的孢子化卵囊，当小鸡吃到被孢子化卵囊污染了的食物、水等而感染。孢子化卵囊在潮湿土壤中可存活 2 年，常用消毒剂对球虫卵囊效果不显著，或无效。球虫卵囊极小，易混合灰尘散布到饲养员、衣服和用具上，或者通过其他昆虫如苍蝇、老鼠等机械传播。

该病一年四季均可发生，户外放养的鸡春季比秋、冬季节更易发病。天气潮湿多雨，雏舍过于拥挤，运动场隐蔽，饲料中缺乏维生素及日粮搭配不合理等都是本病的诱因。

【临床症状】鸡球虫病的常见典型症状是拉稀和血便，在鸡的肛门周围黏附血便。

鸡球虫病按病情分为急性型和慢性型。急性病程为数天至2~3周，多见于幼鸡。病初表现为精神不佳，羽毛耸立，头蜷缩，呆立一隅，食欲减退，泄殖孔周围的羽毛被排泄物污染、粘连；以后由于肠黏膜的大量破坏和机体中毒的加剧，病鸡出现共济失调、翅膀轻瘫、饮欲增加、食欲废绝，嗉囊内充满液体，鸡冠和可视黏膜苍白、贫血逐渐消瘦，粪至水样，并带有少量血液。慢性型症状不明显，病程较长，可延续数周至数月。病鸡逐渐消瘦，足和翅膀多发生轻瘫，产蛋鸡产蛋量减少，有间歇性下痢，很少发生死亡。

【病理变化】引起鸡发病的球虫主要有 7 个种，不同种球虫寄生于鸡肠道的部位不同，发病部位也不同。柔嫩艾美球虫病变在盲肠，表现为双侧盲肠显著肿大，呈紫红色，肠腔充满凝固或新鲜的暗红色血液，盲肠壁变厚，并伴有严重的糜烂。毒害艾美球虫病变在小肠中段，表现为肠壁扩张增厚，有严重的坏死。在裂殖体繁殖的部位，呈明显的淡白色斑点和黏膜上的许多小出血点相间杂。肠壁深部和肠腔积存凝血，使肠的外观呈淡红色或褐色。布氏艾美球虫主要引起卡他性肠炎，偶见肠黏膜脱落物和凝固的血性渗透物所形成的肠蕊，黏膜有出血点，肠壁变厚。巨型艾美球虫病变多在小肠中段，表现为肠管扩张，肠壁增厚，内容物黏稠，呈淡灰色、淡褐色或淡红色，有时混有很小的血凝块。堆型艾美球虫病变多在小肠前段，表现为被损害的肠段（十二指肠和小肠前段）出现大量淡白色斑点排列成横行，外观呈阶梯样。哈氏艾美球虫病变在小肠前段，引起严重的卡他性肠炎，特征性变化时肠壁发生红色圆形出血斑点。变位艾美球虫通常致小肠前 1/3 充血，出现针状出血和白色斑点，有时病变可延至小肠的下段、盲肠和直肠。

【临床诊断】根据拉血便等以上临床症状，结合死亡鸡解剖的肠道病变和鸡的年龄及发病时天气情况等，可怀疑为球虫病。用病鸡拉的血便直接涂片，在显微镜下见到大量球虫卵囊时，即可确诊。

【预防控制】由于球虫疫苗预防鸡球虫病具有效果好、无药物残留、克服化学药物抗药性等优点，在生产上越来越被广泛采用。3~7日龄小鸡用鸡球虫病疫苗进行免疫，免疫方法是按鸡球虫疫苗使用说明书操作。使用前小鸡停止供应水约2~4h，将悬浮剂溶解于适量水中，再加入球虫疫苗，用竹棍等搅动使球虫卵囊充分混匀，然后迅速喂饥渴小鸡。小鸡口服球虫病疫苗（弱度或强度苗）后一周内，禁用抗球虫药物。改善饲养条件，饲喂营养丰富的全价饲料，平时注意给鸡补充富含维生素的青绿饲料。育雏鸡舍先要彻底清除粪污，用苛性钠或生石灰对地面进行消毒。平时及时清理粪便并进行发酵处理。鸡群饲养密度要适度。为防止饲料和饮水污染，最好选用钟式饮水器和筒式漏斗槽。若不选择疫苗免疫也可进行药物预防，如在育雏阶段用痢特灵粉剂按0.03%~0.04%的配比混入饲料内，连续用药5~7d；21~45日龄选用氯苯胍按0.01%混入饲料，连续用药5~7d；停药3d后再用"抗球王"混饲3~5d；46~90日龄的雏鸡用球痢灵粉剂按0.25%混入饲料中连续用药5~7d。

治疗病鸡可用复方磺胺二甲嘧啶钠5g/L溶于水，连续饮水3d；地克珠利1mg/kg或0.5mg/L或2ml/5L混于饲料或饮水，连续用药5d；球痢灵（二硝托胺）0.25g/kg混于饲料，连续用药连续3~5d；氯苯胍60~66mg/kg混于饲料，连续用药 3～7d。

17. 鸡组织滴虫病

鸡组织滴虫病又称为"黑头病"，是由火鸡组织滴虫寄生于鸡盲肠和肝脏引起的寄生虫病。该病以肝脏坏死和盲肠溃疡为特征，主要发生于夏季，3～16 周龄雏鸡易感性最强，死亡率较高，在我国各地普遍发生，给养鸡业造成了一定的经济损失。尤其是林下养鸡，鸡在林地中寻食时，吞食了异刺线虫虫卵或蚯蚓、蚱蜢、蟋蟀等昆虫，容易感染鸡组织滴虫病。

【病原特征】火鸡组织滴虫为原虫，肉眼看不见。在显微镜下观察，虫体直径为 6～25μm，为多形性虫体，其形状随寄生部位和发育阶段而不相同。寄生于盲肠腔内的虫体呈阿米巴形，并具有一根鞭毛；寄生于肠壁和肝组织中的虫体没有鞭毛，呈圆形、卵圆形和阿米巴形。

【流行病学】部分虫体随粪便排出体外，在外界由于没有生存的条件，其抵抗力很弱，很快死亡。当虫体被寄生有鸡异刺线虫的鸡摄食后，组织滴虫可侵入异刺线虫并钻入虫卵内，随粪便排出体外，由于得到卵壳的保护，生存时间较长，一般能生存约 10 个月，成为重要的传染源。另外，蚯蚓、蚱蜢、蟋蟀等昆虫吞食土壤中的异刺线虫虫卵或幼虫亦可机械传播本病，即散养鸡寻食吃到这些蚯蚓、蚱蜢、蟋蟀等昆虫而感染。

鸡组织滴虫病一年四季均有发生，但多发生于温暖、潮湿的春、夏季节。3～16 周龄的鸡易发生，成年鸡病的症状轻微，多呈隐性经过，并成为带虫者和散布虫体者。营养状况不良、温暖潮湿天气、鸡群拥挤等不良因素均可诱发或加剧本病发生。

【临床症状】 病鸡主要表现为精神不振，食欲减退或废绝，羽毛松乱，闭眼呆立，排出淡黄色、淡绿色或灰绿色稀粪。急性病例常见粪便带血或全血便，头部皮肤常呈蓝紫色或黑色。

【病理变化】 盲肠一侧或两侧肿大增粗，肠壁变厚变硬，呈香肠状。肠腔内充满大量干燥、坚硬、干酪样凝固物，将内容物横切则见其呈同心圆状结构，中心为暗红色的凝血块。盲肠黏膜出血，坏死并形成溃疡。肝脏肿大，表面散布有中央凹陷，边缘龙骑的坏死灶，似火山口样。

【临床诊断】 根据临床症状"黑头"、流行病学和病理变化，尤其同时出现盲肠和肝脏典型病变时，即可怀疑为组织滴虫病。另外，取盲肠内容物用生理盐水制成悬滴或压滴标本，在显微镜下观察到作钟摆式运动的虫体，即可确诊。本病通常伴有异刺线虫感染，因此在盲肠内还可发现异刺线虫虫体和线虫造成的盲肠损伤。除此之外，本病与球虫病的区别在于，球虫一般不造成鸡的肝脏损伤，且无"黑头"症状。

【预防控制】 场地的粪污及表土应每隔一段时间铲起堆积发酵；定期对圈舍及场地用生石灰进行一次全面消毒；对异刺线虫进行定期驱虫，其方法见异刺线虫病；在春夏季节，用二甲硝唑或甲硝唑按 0.01% 饮水预防组织滴虫病；保持场地干燥，环境卫生，消除苍蝇。治疗病鸡可用甲硝唑按 1 000mg/kg 饲料混喂，连续 5d；痢特灵按 0.04% 浓度混于饲料中饲喂，连续 7～10d。当有异刺线虫感染时，可按 25mg/kg 体重添加左旋咪唑混于饲料中进行投喂，连续 3 日；为预防继发感染，可按 1kg 水添加 1g 氟苯尼考，让鸡连饮每天连饮 2 次，连续 3d。

18. 鸡住白细胞虫病

鸡住白细胞虫病是由住白细胞虫属的卡氏住白细胞虫和沙

氏住白细胞虫寄生于鸡的红细胞、成红细胞、淋巴细胞和白细胞而引起的贫血性疾病，又称为鸡白冠病。该病对成年鸡危害不大，通常造成贫血，腹泻，双足软弱；但对雏鸡危害严重，发病率高，症状明显，常常引起大批死亡，给养殖户带来严重的经济损失。

【病原特征】住白细胞虫是原虫，肉眼看不见。在显微镜下，卡氏住白细胞虫成熟的配子体近似圆形，大配子体直径为 $12 \sim 14 \mu m$，细胞质较丰富，呈深蓝色，核居中较透明；小配子体直径为 $10 \sim 12 \mu m$，细胞质少，呈浅蓝色，核大，几乎占虫体全部体积。

【流行病学】卡氏住白细胞虫的传播媒介为库蠓（俗称"麦蚊"），沙氏住白细胞虫的传播媒介为蚋。当库蠓或蚋吸食患住白细胞虫病的鸡血时，虫体随鸡血进入到库蠓或蚋体内，并进一步发育，当这些库蠓或蚋再叮咬健康鸡时，又可将虫体注入鸡的血液中，从而引起被叮咬鸡感染，然后虫体在鸡的血管内皮细胞、肝、脾、肾等内脏器官细胞、红细胞、白细胞及巨噬细胞体内经裂殖生殖，形成成熟的裂殖子并导致这些细胞的破裂崩解。裂殖子进入血液即进入配子生殖，形成大小配子体。

鸡住白细胞虫病的流行与吸血昆虫蠓和蚋的活动密切相关，一般在20℃以上时，库蠓和蚋活动力强，繁殖快，易造成本病的发生。在四川，鸡住白细胞虫病多发生于 $5 \sim 10$ 月份，尤其是饲养在靠近水田、溪流或沼泽区的鸡场，$6 \sim 8$ 月份为发病高峰期。

【临床症状】小鸡感染后，通常表现为食欲不振，羽毛松

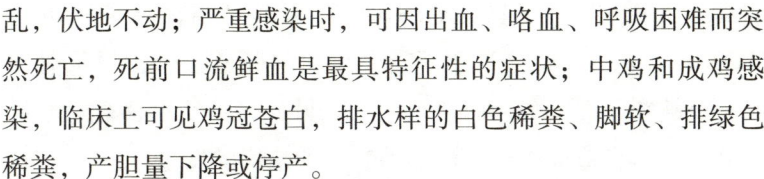

乱，伏地不动；严重感染时，可因出血、咯血、呼吸困难而突然死亡，死前口流鲜血是最具特征性的症状；中鸡和成鸡感染，临床上可见鸡冠苍白、排水样的白色稀粪、脚软、排绿色稀粪，产胆量下降或停产。

【病理变化】病死鸡肌肉苍白，血液稀薄，在胸肌、腿肌、肝、心、脾、肠浆膜、腹腔脂肪有针尖大至粟粒大的灰白色圆形小结节（住白细胞虫寄生灶），小结节与周围组织界限清晰。严重者全身出血，多见于雏鸡，表现为皮下、胸肌、大腿肌肉有针状或米粒大的出血点，肝脏及肾脏广泛出血，形成紫色血肿或血凝块。

【临床诊断】发生在温暖季节，周边蠓、蚋等吸血蚊媒活动频繁；临床症状见鸡冠、肌肉苍白；咯血，呼吸困难；全身皮下、肌肉出血；血液稀薄可怀疑为鸡住白细胞虫病。用病鸡血液、脏器（肺、肝、肾）涂片或肌肉白色结节压片镜检到裂殖体、裂殖子或配子体可进一步确诊。

【预防控制】清除杂草，防治蠓、蚋滋生；蚊虫活动季节，根据情况用可早、晚对鸡舍用 0.01% 速灭杀丁或 2.5% 溴氰菊酯喷洒，以杀灭蠓蚋等蚊虫。病鸡治疗可用磺胺 - 6 - 甲氧嘧啶按 0.05% ~ 0.1% 浓度，拌料投喂 4 ~ 5d；磺胺二甲氧嘧啶按 40mg/kg 体重剂量，拌料投喂 7d；呋喃唑酮按 0.03% 浓度，拌料投喂 3 ~ 5d；氯羟吡啶按 0.025% 浓度，拌料投喂 5 ~ 7d；泰灭净按 0.4% 混料或混于饮水中，连用 5d。

19. 鸡蛔虫病

鸡蛔虫病是由鸡蛔虫引起的鸡常见寄生虫病，本病在我国非常普遍，鸡群感染率达 5.88% ~ 87%，尤其是高密集的散养即林下养殖方式，鸡的感染率和发病率更高，感染率可达100%。当成虫大量集聚于肠道，可引起肠道阻塞，严重时导致肠道破裂及腹膜炎从而使鸡死亡。另外，其幼虫移行时亦可对肝脏等器官造成损伤，极易引起其他疾病的发生。

【病原特征】鸡蛔虫长可达几厘米至十多厘米，呈黄白色的圆柱形或粗线状，体表角质层具有横纹。雄虫长 2.6 ~ 7.0cm，尾端有明显的尾翼和尾乳突，有一个具有厚的角质边缘的近似椭圆形的泄殖孔前吸盘，吸盘上有明显的角质环。雌虫长 6.5 ~ 11.0cm，阴门位于虫体的中部。虫卵呈椭圆形，大小为 70 ~ 90μm × 47 ~ 51μm，卵壳厚而光滑。

【流行病学】鸡蛔虫的发育属于直接发育，其幼虫阶段不需要在其他动物体内发育。鸡蛔虫雌虫在鸡的肠道内一天可排出几万个虫卵，虫卵随粪便排出体外。一般刚从鸡粪便排出的虫卵，其他鸡不感染，虫卵在潮湿的土壤及适当温度条件下可发育成具有感染性的虫卵，温度湿度越高，虫卵发育速度就越快，通常需 6 ~ 7d。感染性虫卵可在土壤中保持活力达 6 ~ 6.5 个月。当鸡吞食被虫卵污染的饲料、饮水或土壤时，虫卵进入鸡的肠道，在肠道内环境作用下孵出幼虫，幼虫随即进入十二指肠并在绒毛间的间隙生长发育，经过一段时间后，再钻入肠黏膜内破坏李氏分泌腺。经一星期后，自由活动于肠腔内。

【临床症状】鸡感染蛔虫后，主要症状为身体消瘦，羽毛松乱无光泽，贫血，下痢，有时粪便中有血丝，翅膀下垂。

【病理变化】对症状明显的活鸡进行剖检，可见小肠黏膜出血发炎，肠壁上有颗粒状化脓结节，小肠内肉眼可见黄白色蛔虫，长 2.6 ~ 11cm 不等。

【临床诊断】根据临床症状和病变部位主要发生在十二指肠，且在小肠中发现有 2.6~11cm 长的线虫，即可判断为鸡蛔虫病。通过对鸡粪便进行镜检，若发现有蛔虫卵，可进一步加强对该病的确诊。

【预防控制】平时注意圈舍及场地的清洁卫生，及时清理粪便并堆积发酵；定期对圈舍用生石灰进行一次全面消毒；定期进行预防性驱虫：根据各林下养鸡场情况，鸡每 2 个月驱虫 1 次；可选用左旋咪唑按 25mg/kg 体重剂量或阿苯达唑按 10mg/kg 体重剂量，混入饲料给药。病鸡治疗可用左旋咪唑按 25mg/kg 体重剂量，一次性口服；阿苯达唑按 20mg/kg 体重剂量，一次性口服；伊维菌素按 0.03mg/kg 体重剂量，一次性口服。

20. 鸡异刺线虫病

鸡异刺线虫病是由鸡异刺线虫又名鸡盲肠线虫寄生于鸡的盲肠内引起的疾病，在鸡群中普遍存在，尤其是林下高密集散养方式，林地里虫卵散布面积大、数量多，鸡感染机会可能更大。当鸡体内同时寄生组织滴虫时，异刺线虫可作为其携带者与传播者（组织滴虫可侵入异刺线虫的卵内，并随卵排出体外），鸡在啄食这种异刺线虫虫卵时，可同时感染两种寄生虫，从而加重鸡只病情，增加死亡率，给养殖户造成巨大的经济损失。

【病原特征】鸡异刺线虫虫体似针状，呈淡黄色，体表有横纹和侧翼，虫体长度为 0.64~1.1cm。在显微镜下观察，可见虫体头端具有 1 个背唇和 2 个腹唇，尾部具有一对长短不一的交合刺。虫卵呈椭圆形，大小 60~78μm×36~45μm，卵壳面光滑。

【流行病学】成虫在鸡体内存活 10 ~ 12 个月，经鸡粪便排出的虫卵，一般在 10 ~ 15℃ 条件下需 78d 发育成感染性虫卵，在 20℃ 下条件下需 15d 发育成感染性虫卵，在 21 ~ 27℃ 条件下需 10d 发育成感染性虫卵，在 30℃ 下条件下需 7d 发育成感染性虫卵，在 35℃ 条件下需 6d 发育成感染性虫卵。在林地中的虫卵被蚯蚓吞食后，虫卵在蚯蚓体内长期存在（1 年以上）或在蚯蚓组织中发育成二期幼虫。当鸡在林地里吞食了虫卵或这种蚯蚓后感染异刺线虫。

【临床症状】鸡感染异刺线虫后，通常表现为消瘦，间歇性下痢，羽毛蓬松，生长发育相对缓慢，食欲不振，冠及垂髯苍白。

【病理变化】解剖病鸡或死亡鸡时，感染较轻的鸡可见盲肠外观肿大，无溃疡；感染严重的鸡可见肠壁出现大小不等的溃疡，黏膜有出血。在盲肠内可见 0.64 ~ 1.1cm 的白色线状虫体。

【临床诊断】结合临床症状并在盲肠中看见呈淡黄色 1cm 左右长的线虫，即诊断。镜检可进一步确诊（盲肠内容物中可观察到椭圆形的虫卵）；成虫可发现头端有三唇，尾部具有长短不一的交合刺等。

【预防控制】场地的粪污及表土应每隔一段时间铲起堆积发酵；加强饲养管理，平时可补充全价饲料，注意维生素的补充；每批鸡应隔 2 个月进行预防性驱虫，可选用左旋咪唑按 15mg/kg 体重或阿维菌素按 0.05mg/kg 体重拌料投喂。

病鸡治疗可用左旋咪唑按 25mg/kg 体重剂量，一次性口

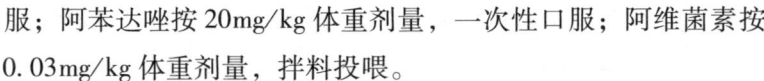

服；阿苯达唑按20mg/kg体重剂量，一次性口服；阿维菌素按0.03mg/kg体重剂量，拌料投喂。

21. 鸡绦虫病

鸡绦虫病主要是由一种或多种绦虫寄生于鸡肠内引起的，是林下养鸡的最常见寄生虫病之一。四角赖利绦虫、棘钩赖利绦虫、有轮赖利绦虫和节片戴文绦虫引起的疾病。该病常引起鸡肠道损伤、消化不良，消瘦，严重时可导致雏鸡大批死亡，给养鸡业造成严重的经济损失。

【病原特征】寄生于鸡的绦虫有很多种，常见的有赖利绦虫、膜壳绦虫、戴文绦虫等。绦虫呈乳白色或淡黄色的棉带状，像竹节样的一节一节地连着。虫体长度几个毫米至30cm以上，前面节片逐渐变细，后面节片逐渐宽大。

【流行病学】鸡的绦虫病多发生于夏、秋季节，各种年龄鸡均可发生，但以25~40日龄的雏鸡死亡率最高。常为几种绦虫混合感染。虫体成熟节片内有许多虫卵，成熟节片或虫卵随鸡粪便排出体外后，被林地里的蚂蚁、家蝇、金龟子、步行虫、蜗牛、蛞蝓等吞食后，虫卵在蚂蚁等体内进一步发育，当鸡在林地里寻食时，吞食这些蚂蚁等而感染。因此，鸡绦虫病流行与这些蚂蚁、家蝇、金龟子等出现的季节有关。

【临床症状】鸡感染后通常表现为食欲降低，下痢，消瘦，贫血，四肢无力，严重感染的鸡还表现为生长受阻、产蛋下降、精神不振、羽毛松乱、粪便稀薄（有时带血，光线充足情况下还可见白色小米粒样的孕卵节片）。有的还出现精神症状，表现出腿脚麻痹、头颈扭曲及运动失调。

【病理变化】绦虫可引起鸡的小肠黏膜出血，增厚，肠腔内可见大量黏液，味恶臭，肠黏膜有出血点，十二指肠及肠腔中可见大量乳白色、呈结节状、扁平似面条样的绦虫虫体，或者白色小米粒样的孕卵节片。

【临床诊断】根据流行病学及临床症状，尤其粪便中发现白色米粒样孕卵节片，或剖解发现白色带状虫体即可确认为绦虫病。

【预防控制】场地的粪污及表土应每隔一段时间铲起堆积发酵；定时喷洒 0.01% 速灭杀丁或 2.5% 溴氰菊酯，以消灭苍蝇、蚂蚁等中间宿主；可每 2 个月用吡喹酮等进行预防性驱虫，剂量见治疗措施。

病鸡治疗可用吡喹酮按 15～25mg/kg 体重剂量，拌料一次投喂，是绦虫病治疗的首选方法；氯硝柳胺按 50～60mg/kg 体重剂量，拌料一次投喂；硫氯酚按 150～200mg/kg 体重剂量，拌料一次投食；灭绦灵按 50～60mg/kg 体重剂量，拌料一次投喂。

第六节　兔的主要疾病防治

一、兔病毒性出血症

兔病毒性出血症，俗称兔瘟，是由兔病毒性出血症病毒（RHDV）引起的一种急性、烈性和高度接触性传染病，我国将其列为二类传染病。主要以呼吸系统充血、出血，肝、肾、脾以及消化道发生出血症状。本病的发病死亡率极高，对养兔生产危害极大。

【流行病学】该病自然感染条件下，只导致兔发病。病兔、病死兔、隐性感染带毒兔、带毒野兔以及其内脏器官、附属

物、排泄物等是本病的传染源。兔病毒性出血性病毒可通过粪尿、皮肤、呼吸和生殖道排出体外，主要通过消化道、呼吸道等途径传播感染。尤其是 2 月龄以上的青年兔和成年兔易感染发病，40 日龄以下仔幼兔和部分老龄兔不易感。本病一年四季均有发生，春、秋季发病率相对较高。在新疫区或未接种疫苗的兔场一旦发病，死亡率极高。目前，普遍重视本病的预防，发病率大为下降，但仍有发生，主要是忽视了合理规范地使用疫苗或执行免疫程序。

【临床症状】 自然感染兔病毒性出血症的兔潜伏期 48 ~ 96h，人工感染潜伏期一般为 16 ~ 72h。根据本病的病程、发病症状可将其分为最急性型、急性型和慢性型三种类型。

（1）最急性型：此类型病例常发生于非疫区、流行初期或根本没有免疫接种的兔场。多数病例无明显的临床征兆就死亡，少数病例在兔笼内表现出短暂的兴奋、狂奔乱跳，有的突然出现抽搐倒地、四肢呈划水样、伴有尖叫声等症状，然后出现昏迷，临死前角弓反张，头往后仰，眼球突出；有的病兔口鼻有血色泡沫样液体流出，肛门松弛，有淡黄色黏液流出，黏附在肛门周围。

（2）急性型：此类型常见于流行中期，病程一般为 12 ~ 48h。患兔出现精神不振、头低耳聋、饮欲增加、食欲减退或废绝，体温升高，达 41℃ 以上，呈稽留热，初期呼吸急促乃至呼吸困难。大多数病例在临死之前会出现兴奋、狂奔乱跳、挣扎等，临死时病兔体温下降，伴有尖叫声；死后少数病例口鼻有出血症状，并且肛门周围有淡黄色胶样物质黏附。孕兔可发生流产和死胎。

（3）慢性型：此类型病例比较少见，常发于老疫区或流行后期。患兔表现为精神不振，饮食欲减退，身体消瘦，四肢无力，伏于地面或笼地板上，到最后一般虚弱衰竭而死，病程一般 1 周左右，有的甚至可拖延 10d 以上。少数兔可耐过，但耐过兔生产性能、繁殖性能明显下降。

【病理变化】 最急性、急性型病死兔以全身实质器官淤血、出血为主要变化。主要表现为气管出现严重的瘀血和出血，管腔内有大量泡沫样血液（俗称"红气管"）。肺部有充血、出血、瘀血、水肿症状；肝脏肿大瘀血，质地变脆，表现有出血点，有的呈暗黑色，切面粗糙，有暗红色血液流出，胆囊肿大。脾脏瘀血肿大，颜色呈黑紫色，边缘钝圆，质地变脆；肾脏肿大，表面有出血斑点，有的病例肾脏出现变性、坏死灶等症状，呈花斑肾。胃浆膜有出血症状，小肠黏膜充血、出血，肠系膜淋巴结肿大、出血；膀胱积尿，膀胱黏膜也有出血点症状。

【临床诊断】 2 月龄以上的兔发病、死亡，发病急、病程短，死亡时口鼻流出血色泡沫样液体是典型症状；实质性器官表现充血、出血、瘀血，特别是"红气管"症状是本病的特征性病变。根据这些特点可做出初步诊断，确诊需做血凝试验和PCR 检测等。

【预防控制】

（1）预防：免疫接种是防制该病的首要措施，规模化兔场最好是根据抗体检测结果制定科学合理的免疫程序，确定仔幼兔的首免日龄以及种兔群每年的免疫间隔期。一般采用兔病毒性出血症灭活疫苗进行免疫，种兔群推荐每年免疫接种 2～3次，皮下注射，每只 2ml；仔幼兔选择在 35～45 日龄进行首兔，皮下注射，每兔1ml。对于新兔场要严把引种关，禁止到发病疫区进行引种对新引进的兔群一定要做好隔离观察，一般隔离观察2周以上方可合群。兔场内禁止收购兔皮、兔毛、兔肉等兔产品及附属物。一旦发病对全场，包括饲草兔舍、过道、粪沟、笼地板、产仔箱等设施设备进行严格的消毒处理，消毒剂可选用2%浓度烧碱、过氧乙酸（1：500浓度）等。对于病死兔，一定要做好深埋或焚烧等无害化处理。

（2）治疗：该病属病毒性疾病，一般的抗生素药物只能起到控制继发感染的效果，治疗该病难以收效，主要采用注射高免血清或兔病毒性出血症灭活疫苗紧急接种。具体方法：采用兔瘟高免血清对兔群肌肉注射，每只5ml，连用3d后可收到明显效果；无高免血清的可采用紧急接种方法，2~3倍兔病毒性出血症灭活疫苗剂量，肌肉注射，一般3d后可控制病情蔓延，7d后可控制本病的发生。

二、兔多杀性巴氏杆菌病

兔多杀性巴氏杆菌病，又称兔出血性败血症，是由兔多杀性巴氏杆菌引起的一种综合性传染病。本病是家兔的一种常见疾病，因病菌感染部位不同而表现出多样的临床症状，临床上多以败血症、鼻炎、肺炎和中耳炎等为主要特征。

【流行病学】本病菌是条件性致病菌，多为散发，有的呈地方性流行。病兔和带菌兔是本病的主要传染源。病兔的鼻液、唾液、粪、尿等带有大量病菌，可污染草、料、饮水、笼具、场地等。一般通过呼吸道、消化道或皮肤、黏膜伤口而感染。不同年龄、品种的家兔均易感染发病。本病一年四季均可发生，但以春、秋季较多发，尤其在阴雨潮湿、高温高湿、气候多变的季节发病率相对较高。当饲养密度过大、通风不良、长途运输或发生其他病时，使兔抵抗力下降，均可诱发本病的发生。

【临床症状】本病的潜伏期长短不一，主要取决于家兔自身的抵抗力、细菌毒力、感染部位等。根据临床表现可分为急性型、亚急性型和慢性型三种。

（1）急性型：该类型病例发病死亡急，导致不能及时地采取有效防治措施，一般从发病到死亡只有几个小时的时间，有的甚至没有任何的异常表现就突然死亡。病程稍长的患兔，体温升高，精神沉郁，食欲减少或废绝，呼吸困难，甚至急促，有的出现打喷嚏，一般经 1~3d 后死亡。急性型病症主要发生在 3 月龄以下的仔幼兔。

（2）亚急性型：本类型病症又称地方性肺炎，主要发生于成年兔。发病初期表现为精神沉郁，食欲减退，一般有流浆液性鼻液、打喷嚏等轻度的呼吸道症状，若不能及时治疗病情会加重，引起脓性鼻液，肺炎以及胸膜炎等更为严重的呼吸系统疾病，呼吸困难，体温升高，有的患兔还有腹泻症状，患兔病程较长，到后期饮食欲严重下降甚至废绝，最终衰竭而死。

（3）慢性型：此类型病症也主要发生在成年兔，尤其是老年兔。根据病原菌感染的部位不同主要包括：鼻炎、中耳炎、子宫炎或积脓、皮下脓肿、结膜炎等。

①鼻炎：间断性的打喷嚏，鼻孔流出浆液性或白色脓性分泌物，有的病兔鼻分泌物与饲料、兔毛粘接成痂，堵塞鼻孔，造成呼吸困难。

②中耳炎：是由于病菌由中耳侵入内耳，导致头颈歪向一侧，运动失调，影响吃草和饮水，治疗效果不佳，而且病程可拖很长时间，最好及时淘汰。

③结膜炎：因病菌侵入结膜囊，引起结膜潮红、眼睑肿胀、流泪，严重时，眼分泌物使眼睑粘连。

④生殖器官炎症：主要因配种时被病兔传染。公兔表现为睾丸炎，睾丸肿大；母兔表现为子宫炎，常从阴户流出脓性分泌物，多数丧失了种用价值，建议淘汰。

【病理变化】

（1）急性型：主要表现为全身性的充血、出血症状。喉头、气管出血；肺部表面大面积出血、充血，水肿症状；心外膜特别是心冠脂肪点状出血；肝脏肿大，质地变脆，肝表面有弥漫性的针尖大小的坏死点，切面有暗红色血液流出；脾脏及淋巴结肿大、出血。

（2）亚急性型：可见肺部有充血、出血，甚至肝变或化脓，严重病例有纤维性渗出物，胸膜与胸腔以及肺脏发生严重粘连现象，有的胸腔有渗出液，混合感染病例肺部还有严重的化脓症状，脓包可转移至其他组织器官。

（3）慢性型：根据感染部位，主要是局部组织器官表现病症。皮下脓肿主要为皮下有脓疱；中耳炎主要是神经系统受损；结膜炎主要表现结膜充血；子宫炎主要表现为从阴户流出脓性分泌物。

【临床诊断】　根据临床症状和病理变化可做出初步诊断，确诊还需要进行细菌分离鉴定。目前已有针对家兔多杀性巴氏杆菌的快速检测试剂盒，可有效快速准确的诊断该病。

【预防控制】

（1）预防：由于该病菌为条件性致病菌，因此加强各年龄阶段家兔的饲养管理，保证日粮品质的安全、平衡、合理，从而提高家兔本身的抗病能力是预防本病的重要手段。同时应做好兔场的清洁卫生，确保兔舍内空气质量良好，合理安排饲养密度。对于有该病流行发生的场或地区要做好免疫接种工作。仔幼兔可在 35～45 日龄时皮下注射兔瘟 – 多杀性巴氏杆菌灭活二联苗；种兔每年可采用兔多杀性巴氏杆菌灭活苗进行预防接种，一年免疫 3～4 次。发生本病时，将病兔隔离、治疗，严格消毒笼舍和用具。淘汰久治不愈的患鼻炎、中耳炎、严重结膜炎和患严重生殖道炎症的病兔，减少病菌扩散。

（2）治疗：兔场如爆发多杀性巴氏杆菌病，可采用全群饮水或拌料给药，如恩诺沙星或环丙沙星饮水或拌料，连用 3～5d。还可用磺胺间甲氧嘧啶（每吨饲料添加 300g）、泰乐菌素（每吨饲料添加 50g）混用，连用 7d，效果明显。患鼻炎、肺炎病兔采用青霉素、链霉素稀释后滴鼻，同时肌肉注射青霉素 1kg 体重 3 万～5 万 IU，链霉素 1kg 体重 10～15mg，1 天 2 次，直至痊愈；结膜炎采用庆大霉素进行滴眼，1 天 3 次，直至痊愈。对于患肺炎严重、子宫炎病例以及中耳炎等无治疗价值的病兔应及早淘汰。

三、大肠杆菌病

大肠杆菌病是由一些致病性血清型大肠杆菌及其毒素引起的家兔一种肠道传染病。临床上以仔幼兔水样、胶冻样腹泻为主要特征。

【流行病学】病兔和带菌兔是本病的传染源。本病主要感染 1～3 月龄的仔幼兔，特别是断奶前后仔兔发病率较高，成年兔偶见感染发病。消化道是本病的主要传播途径，一般通过直接或间接接触而感染发病。本病一年四季均可发生，特别在寒冷冬、春季节发病率相对较高。本病原菌属条件性致病菌，长途运输、饲养不当、日粮结构不合理、饲草腐败变质、气候变化以及其他应激因素都可导致该病发生流行。

【临床症状】仔幼兔发病初期首先出现精神不振，采食量下降或废绝，打堆成团，有的出现排软粪等症状；中期一般表现为腹泻、拉稀，患兔被毛粗乱，严重的呈水样腹泻，粪便污染肛门及尾部，有的病例拉出胶冻状物质包裹粪球，患兔耳根和四肢末梢冰凉，体温下降，病程 2～5d。青年兔与成年兔发病一般表现为拉软粪或一过性拉稀，有的老年兔常出现便秘症状，粪球细小。

【病理变化】仔幼兔的病变多表现在消化系统。可见胃膨胀，胃内容物多为稀粥样物质，有酸臭味，胃底黏膜严重脱落，有的胃壁有出血点；小肠充满气体，肠壁变薄，内容物为黏液或胶冻样液体。膀胱积尿。便秘患兔可发现盲肠粪便板结或成团状中间间隔有气泡形式，盲肠黏膜有散在的出血点。

【临床诊断】根据断奶前后仔幼兔多发，以拉黄白色水样粪便或粪便外有一层胶冻样黏液，小肠胀气，肠壁变薄，内有黏液和胶冻样液体等特点，可做出初步诊断。确诊需进行细菌分离鉴定和致病性试验，若需鉴定血清型，还要做血清型鉴定试验。

【预防控制】

（1）预防：加强断奶前后兔的饲养管理，保证饲料品质，饲料营养平衡合理，做好饲喂策略。在冬、春季节要注意防寒保暖。抗应激药物（电解多维、微生态制剂、抗菌肽）可在天气变化、长途运输等应激因素下在日粮或饮水中添加防治大肠杆菌的发生。研究表明，在日粮中长期添加微生态制剂可有效降低本病的发生率。

（2）治疗：腹泻兔可采用庆大霉素，1kg 体重 2～4mg，1天 2 次，肌肉注射；恩诺沙星注射液，1kg 体重 2.5～5mg，1天 2 次，肌肉注射；氧氟沙星注射液，1kg 体重 5mg，肌肉注射，1 天 2 次；磺胺间甲氧嘧啶注射液，肌肉注射，1kg 体重 50mg，首次剂量加倍，以后剂量减半，1 天 2 次；磺胺嘧啶片，口服，1kg 体重 100mg，首次剂量加倍，1 天 2 次。若发病群体较多可在日粮或饮水中加多西环素预混剂，每吨饲料 200g（按有效药物剂量计算）；也可用硫酸新霉素饮水。

四、球虫病

兔球虫病是由艾美尔球虫属的多种球虫引起的体内寄生虫病，该病是目前家兔生产中最常见的疾病之一。临床上以仔幼兔腹泻、消瘦，严重者出现死亡为主要特征，我国将兔球虫病列为二类动物疫病。

【流行病学】 兔是兔球虫病的唯一自然宿主。病兔、康复兔和成年隐性带虫兔是主要传染源。家兔感染球虫是由于吞食了散布在土壤、饮水、饲料、青草、笼底等外界环境中的感染性球虫卵囊而感染。消化道是本病的主要传播途径。各品种的家兔对本病都易感，一般 1～3 月龄幼兔感染率最高，一般感染率接近 100%，发病死亡率可达 50% 以上，耐过兔生长发育受阻，成为僵兔，体重下降 12%～27%；成年兔由于抵抗力较强，一般呈隐性感染不表现临床症状，感染后成为长期带虫者。本病一年四季均可发病，我国南方地区梅雨季节多发，北方地区多发于 7～8 月份，呈地方性流行。养殖生产中，兔舍卫生条件差，饲养管理不严，营养不良等，都可加剧本病的发生。兔球虫寄生部位和潜伏期见表 10。

表 10　兔球虫感染部位和潜伏期

种　名	寄生部位	潜伏期（d）
黄艾美耳球虫	小肠、大肠	9
肠艾美耳球虫	小肠	9～10
小型艾美耳球虫	小肠	7
穿孔艾美耳球虫	小肠	5
无残艾美耳球虫	小肠	9
中型艾美耳球虫	小肠	5～6
维氏艾美耳球虫	小肠	10
盲肠艾美耳球虫	小肠	9～11
大型艾美耳球虫	小肠	7
梨型艾美耳球虫	结肠	9
斯氏艾美耳球虫	肝脏、胆管	18

【临床症状】根据感染球虫的种类以及寄生部位可将兔球虫分为肠型球虫、肝型球虫和混合型球虫三种类型。

（1）肠型球虫：一般潜伏期为 3～5d，多发生于 30～60 日龄仔幼兔。有的仔幼兔发病急，病程短，常突然倒地，四肢痉挛划动，头颈僵直后仰，发出惨叫，往往来不及治疗便死亡。大多数患兔主要表现为逐渐消瘦，精神沉郁，食欲下降，磨牙，有不同程度的腹泻，有的腹泻与便秘交替。通常脱水、中毒及继发细菌感染而死。患兔死后肛门排出黄色黏液物质污染尾部。耐过兔一般生长速度缓慢，成为僵兔。

（2）肝型球虫：患病兔被毛粗乱，食欲减退或废绝，精神萎靡，用手触及肝区有痛感，腹围增大，到发病后期患兔可视黏膜一般出现黄疸或苍白，病兔一般到后期都消瘦而死。肝型球虫一般病程较长，潜伏期 10d 以上。感染不严重时常无明显临床症状。

（3）混合型球虫：由寄生于肝胆和肠黏膜上皮组织的多种球虫共同引起，其症状一般表现为肠型球虫和肝型球虫两种类型的症状。混合型球虫在生产中较为多见。

【病理变化】

（1）肠型球虫：该类型病变主要在肠道。小肠有充血、出血症状，剖开肠管可见肠黏膜上皮呈弥漫性针尖大小的出血点，小肠内充满气体和大量黏液，有的为酱红色内容物。病程较长的兔在小肠管壁上可见大头针头大小的白色结节（内含大量卵囊），严重者可见化脓性坏死灶。有的患兔在结肠、盲肠也有出血症状。

（2）肝型球虫：其主要病变在肝及胆囊部位。肝脏肿大明显，在肝脏表面和实质常见许多淡黄色球虫结节，粟粒至豌豆大，严重的融合成片。胆囊肿大，胆汁变得浓稠。

（3）混合型球虫：病理变化包括肠型球虫和肝型球虫两种类型的病变都不同程度出现。

【临床诊断】根据 1～3 月龄仔幼兔多发，出现腹泻、胀气、消瘦、磨牙，以及小肠壁上许多大头针头大小的灰白色结节；肝脏表面可见许多淡黄色结节等特点，可初步判断该病。确诊主要进行球虫卵的检查。可采集粪便、肠黏膜或肝结节直接涂片镜检，也可用饱和食盐水法处理粪便后镜检，发现大量球虫卵囊或裂殖体等，即可确诊。但由于兔球虫种类较多，其致病性也各不相同，目前的显微镜检查很难鉴定兔球虫虫种，因而检出球虫卵囊并不能完全指导球虫病的治疗及预防，还需结合养殖场实际情况进行综合判断。

【预防控制】

（1）预防：兔球虫病的流行范围广、感染率高，做好群体预防是关键。首先要做好平时清洁卫生和消毒措施，兔舍内要保持清洁干燥的环境，每出栏一批商品兔要对兔舍地面、背网、产仔箱、食槽等设施和用具进行彻底消毒；再者加强各阶段兔的饲养管理，兔群要实行分群饲养，避免交叉感染和传播。除以上常规防制措施外，药物预防也是关键：氯苯胍预混剂拌料，每吨饲料加150g（按药物有效成分计算），用药时间从补饲至50～60日龄；0.5%地克珠利混剂拌料，每吨饲料加200g，用药时间从补饲至60日龄。家兔球虫病的防治一定要贯彻"预防为主、防重于治"的方针，用于防治的球虫药要轮换用药和穿梭用药，避免耐药性的产生，同时要严格执行各种药物的休药期。

（2）治疗：氯苯胍预混剂拌料，每吨饲料加300g（按药物有效成分计算），同时添加维生素K辅助治疗，连用1周；0.5%地克珠利混剂拌料，每吨饲料加400g，连用1周；氯羟吡啶混剂拌料，每吨饲料加30g（按药物有效成分计算），连用1周。需要注意的是，市场上出售的抗球虫药物种类较多，但多数是鸡用抗球虫药，而有的抗球虫药按照鸡的用量会引起兔中毒，如马杜拉霉素。

参考文献

[1] 郑麦青，赵桂苹，李鹏，等. 我国肉鸡养殖规模化发展现状调研分析 [J]. 中国家禽，2014，36 (16)：2-7.

[2] 郑麦青. 2009 年上半年我国肉鸡产业发展监测报告 [J]. 中国禽业导刊，2009，26 (15)：17-19.

[3] 黄建明. 多角度全方位解析白羽肉鸡"真面目" [J]. 北方牧业，2018 (08)：14.

[4] 汪丽，王辉，乔富强，等. 浅谈山区林下生态鸡饲养管理技术要点 [J]. 农业开发与装备，2017 (04)：178-179.

[5] 赵必迁，任焕平. 浅谈林下生态放养鸡饲养管理及疾病防控要点 [J]. 家禽科学，2012 (11)：21-23.

[6] 蒋小松，杜华锐，杨朝武，等. 当前四川放养鸡生产中应注意的几个问题 [J]. 四川畜牧兽医，2011，38 (10)：35-36.

[7] 马中军. 肉鸡标准化生产技术探析 [J]. 甘肃畜牧兽医，2010，40 (02)：41-43.

[8] 杨朝武，蒋小松，杜华锐，等. 大恒优质肉鸡五个品系主要性状选育进展分析 [J]. 黑龙江畜牧兽医，2017 (23)：125-127.

[9] 臧广贺，吴文斌，康建彬. 孵化场的建设要求 [J]. 中国禽业导刊，2006 (15)：30.

[10] 王延树，孙晓成，赵翠丽，孙延军. 种蛋的选育技术要点 [J]. 湖南畜牧兽医，2010 (02)：24-25.

[11] 赵雪松. 禽蛋孵化与孵化后雏禽的管理 [J]. 养殖技术顾问, 2013 (12): 43.

[12] 戴大伟. 肉鸡育雏室与育成舍内设备的设置 [J]. 养殖技术顾问, 2012 (05): 30.

[13] 黄立. 鸡恶癖防治面面观 [J]. 养禽与禽病防治, 2012 (03): 28-31.

[14] 马祥群. 土鸡育成期的饲养管理技术 [J]. 江西饲料, 2015 (03): 42-44.

[15] 赵必迁, 任焕平. 林下生态养鸡饲养管理要点 [J]. 科学种养, 2013 (03): 41-42.

[16] 杜晓光. 养鸡户科学自配饲料九要点 [J]. 农家科技, 2012 (01): 36-37.

[17] 高玉时. 生产无公害鸡肉、鸡蛋质量安全性控制技术 [J]. 中国禽业导刊, 2003 (04): 16-19.

[18] 申杰. 商品肉鸡养殖关键技术 [J]. 湖北畜牧兽医, 2011 (02): 4-7.

[19] 石海. 林下鸡放养前的养殖技术要点 [J]. 四川畜牧兽医, 2019, 46 (06): 41-43.

[20] 四川省畜牧科学研究院养猪研究所. 贫困地区生猪养殖实用技术手册 [M]. 四川省畜牧科学研究院技术培训资料, 2018 年 5 月.

[21] 四川省畜牧科学研究院养猪研究所. 标准化养猪生产实用技术 [M]. 四川省畜牧科学研究院技术培训资料, 2012 年 5 月.

[22] 熊朝瑞. 高效养肉用山羊 [M]. 北京: 机械工业出版社, 2016.

[23] 赵有璋. 中国养羊学 [M]. 北京: 中国农业出版社, 2013.

[24] 赵有璋. 羊生产学 [M]. 北京: 中国农业出版社, 2011.

[25] 岳文斌. 羊场畜牧师手册 [M]. 北京: 金盾出版社, 2008.

[26] 熊朝瑞. 良种肉用山羊养殖技术 [M]. 北京: 金盾出版社, 2000.

[27] 熊朝瑞. 科学养殖肉用山羊 [M]. 成都: 四川科学技术出版

社，2018.

[28] 国家畜禽遗传资源委员会组编. 中国畜禽遗传资源志·羊志 [M].
北京：中国农业出版社，2011.

[29] 赵永聚，等. 规模化生态养羊技术问答 [M]. 北京：中国农业科
学技术出版社，2019.

[30] 姜勋平，等. 羊高效养殖关键技术精解 [M]. 北京：化学工业出
版社，2010.

[31] 农业部规划设计研究院. NY/T682-2003 畜禽场场区设计技术规范
[S].

[32] 付茂忠. 科学养殖肉牛 [M]. 成都：四川科学技术出版社，2018.

[33] 梁春年，等. 牦牛科学养殖 [M]. 北京：中国农业出版社，2014.

[34] 莫放. 养牛生产学 [M]. 北京：中国农业大学出版社，2003.

[35] 谷子林，等. 中国养兔学 [M]. 北京：中国农业出版社，2013.

[36] 谢晓红，等. 兔标准化规模养殖图册 [M]. 北京：中国农业出版
社，2012.

[37] 任永军. 轻松学兔病防制 [M]. 北京：中国农业科学技术出版
社，2014.

[38] 任永军. 无公害兔肉安全生产技术 [M]. 北京：化学工业出版
社，2014.

[39] 陈代文，等. 饲料添加剂学（第2版）[M]. 北京：中国农业出版
社，2011.

[40] 韩友文. 饲料与饲养学 [M]. 北京：中国农业出版社，1998.

[41] 李德发，等. 饲料工业手册 [M]. 北京：中国农业大学出版
社，2002.

[42] 刘进远. 饲料安全基础知识 [M]. 成都：四川科学技术出版
社，2018.

[43] 王成章，等. 饲料学（动物科学专业用）[M]. 北京：中国农业
出版社，2003.

［44］ 魏秀莲. 饲料安全及生产应用手册［M］. 北京：中国农业科学技术出版社，2010.

［45］ 吴晋强. 动物营养学［M］. 合肥：安徽科学技术出版社，1999.

［46］ 杨凤. 动物营养学［M］. 北京：中国农业出版社，2004.

［47］ 张子仪. 中国现行饲料分类编码系统说明［J］. 中国饲料，1994（4）：19－21.

［48］ 张子仪. 中国饲料学［M］. 北京：中国农业出版社，2000.

［49］ 张力，等. 饲料添加剂手册［M］. 北京：化学工业出版社，2000.

［50］ 瞿明仁. 饲料卫生与安全学［M］. 北京：中国农业出版社，2008.

［51］ 高作信. 兽医学［M］. 北京：中国农业出版社，2001.

［52］ 蒋小松，等. 基层农技推广人员专业知识（畜牧水产类）［M］. 成都：电子科技大学出版社，2015.

［53］ 王泽州，等. 执业兽医培训教程［M］. 北京：中国农业科学技术出版社，2011.

［54］ 朱模忠，等. 兽药手册.［M］. 北京：化学工业出版社，2002.

［55］ 中国兽药典委员会. 中华人民共和国兽药典（2015 年版）一部［M］. 北京：中国农业出版社，2016.

［56］ 中国兽药典委员会. 兽药质量标准（2017 年版）化学药品卷［M］. 北京：中国农业出版社，2016.

［57］ 陆海明. 规模化养猪场兽医卫生防疫技术［J］. 畜牧兽医科技信息，2018（08）：120.

［58］ 迁斌，黄建平，刘云鹏. 规模化猪场的安全防疫制度建设［J］. 四川畜牧兽医，2019，46（05）：39－40.

［59］ 张晓利. 规模猪场消毒技术规范［J］. 今日畜牧兽医，2019，35（07）：70＋47.

［60］ 赖宝色，林秋敏. 猪场常见细菌病及消毒效果研究［J］. 畜禽业，2019，30（05）：63.

［61］ 孙其龙. 猪场清洗、清洁和消毒实用技术［J］. 中国猪业，2019，

14（03）：63－65.

[62] 廖党金，叶勇刚，于吉锋，等. 生猪寄生虫病防控技术［J］. 四川
农业科技，2018（09）：41－42.

[63] 于吉锋，叶勇刚，廖党金，等. 夏秋季仔猪腹泻原因分析及综合防
控措施［J］. 四川农业科技，2016（11）：52－53.

[64] 于吉锋，李江凌，王文贵，等. 川藏黑猪与长白猪仔猪猪瘟母源抗
体消长规律比较研究［J］. 中国动物传染病学报，2015，23（03）：
61－64.

[65] 叶勇刚，廖党金，林毅，等. 四川部分地区肉鸡球虫病调查与药物
治疗试验［J］. 四川畜牧兽医，2017，44（08）：24－26.

[66] 罗丹丹，廖党金，付茂忠，等. 川东部分地区牛、羊、鸡寄生虫病
感染情况调查［J］. 四川畜牧兽医，2017，44（06）：19－20＋23.

[67] 叶勇刚，廖党金，王金江，等. 四川省放牧地方黑猪的寄生虫病调
查与分析［J］. 中国动物传染病学报，2016，24（04）：72－76.

[68] 尹爱萍. 生猪疫病防治技术——湖南省洞口县的实践与探索［J］.
中国猪业，2019，14（04）：47－50＋53.

[69] 潘汉平. 常见生猪疫病防控［J］. 农民致富之友，2019（14）：53.

[70] 叶孔尚，陈云波. 鸡常见传染病的诊断及治疗效果分析［J］. 当代
畜牧，2016（11）：76－78.

[71] 鹤庭. 鸡球虫病综合防治措施［J］. 中国畜禽种业，2019，15
（07）：177.

[72] 俞宁，杨琼，刘海燕，等. 球虫疫苗与药物对鸡球虫病防治效果的
比较［J］. 中国家禽，2019，41（10）：69－70.

[73] 娄晓东，马悦华，张景利. 牛疫病的发生特点及防控措施［J］. 兽
医导刊，2019（13）：40.

[74] 叶森克里德. 牛常见疫病及防治方法［J］. 甘肃畜牧兽医，2018，
48（01）：64－65.

［75］陈芬梅. 牛口蹄疫的诊断方法和防治措施［J］. 中国畜禽种业，2019，15（07）：138.

［76］王自强. 夏季规模场羊疫病的防治［J］. 畜牧兽医科技信息，2019（06）：45.

［77］索有菊. 舍饲养羊疫病流行原因与防控对策［J］. 中国畜禽种业，2018，14（12）：108.

［78］刘小明. 不同饲养模式下肉羊疫病特点及综合防控［J］. 中国畜禽种业，2018，14（08）：104.

［79］茹善古丽·库尔班. 羊传染性疫病的防治措施［J］. 畜牧兽医科技信息，2018（03）：73-74.

［80］温铭亮，曹剑文，周建斌. 牛羊寄生虫病防治措施［J］. 畜禽业，2018，29（06）：135.

［81］王恒昌，徐静，朴聪雁. 规模肉羊场防疫技术要点［J］. 畜禽业，2018，29（11）：35-36.

［82］JeffreyJ. Zimmerman, Locke A. Karriker, Alejandro Rmirez, et al，猪病学（第10版）［M］. 赵德明，张仲秋，等译. 北京：中国农业大学出版社，2014.

［83］蒋学良. 四川畜禽寄生虫志［M］. 成都：四川科学技术出版社，2004.

［84］廖党金，黄兵. 中国畜禽线虫形态分类彩色图谱［M］. 北京：科学出版社，2016.